中国特色高水平高职学校项目建设成果

安装工程预算

ANZHUANG GONGCHENG YUSUAN

主　编◎杜园元
副主编◎张　成　葛贝德
主　审◎王天成　李佳欢

中国铁道出版社有限公司
CHINA RAILWAY PUBLISHING HOUSE CO., LTD.

内 容 简 介

本书是哈尔滨职业技术大学中国特色高水平高职学校项目建设成果之一，依据高等职业院校工程造价及相关专业人才培养目标和定位要求，结合《通用安装工程工程量计算规范》(GB 50856—2013)、《建设工程工程量清单计价规范》(GB 50500—2013)等相关文件，遵循以安装工程造价工程师岗位工作过程为导向构建的学习领域课程特点编写而成。本书包括建筑给排水系统计量与计价、建筑通风与空调工程计量与计价、建筑采暖工程计量与计价、建筑电气工程计量与计价、建筑消防工程计量与计价五个学习情境，共12个工作任务。

本书适合作为高职高专工程造价专业学习用书，是国家职业教育倡导使用的新型活页式教材，侧重培养学生在安装工程造价工程师岗位编制清单计价的能力，满足企业对于学生知识、技能等方面的要求。本书也可作为职业技能培训教材，对从事工程造价管理的技术人员同样具有参考价值。

图书在版编目(CIP)数据

安装工程预算 / 杜园元主编. -- 北京 : 中国铁道出版社有限公司, 2024. 12 --（中国特色高水平高职学校项目建设成果）. -- ISBN 978-7-113-31681-5

Ⅰ. TU723.3

中国国家版本馆 CIP 数据核字第 2024CZ6466 号

书　　名：安装工程预算
作　　者：杜园元

策　　划：祁　云　何红艳　　　　**编辑部电话：**(010)63560043
责任编辑：何红艳　贾淑媛
封面设计：刘　颖
责任校对：刘　畅
责任印制：赵星辰

出版发行：中国铁道出版社有限公司(100054，北京市西城区右安门西街8号)
网　　址：https://www.tdpress.com/51eds
印　　刷：河北燕山印务有限公司
版　　次：2024年12月第1版　2024年12月第1次印刷
开　　本：880 mm×1 230 mm　1/16　**印张：**14.5　**字数：**446千
书　　号：ISBN 978-7-113-31681-5
定　　价：45.00元

中国特色高水平高职学校项目建设系列教材编审委员会

本书编委会

主　编：杜园元（哈尔滨职业技术大学）

副主编：张　成（黑龙江农垦职业学院）

　　　　葛贝德（哈尔滨职业技术大学）

参　编：朱琳琳（哈尔滨职业技术大学）

　　　　于微微（哈尔滨职业技术大学）

　　　　李轶峰（哈尔滨职业技术大学）

　　　　尚明姝（哈尔滨学院）

主　审：王天成（哈尔滨职业技术大学）

　　　　李佳欢（华夏城投项目管理有限公司）

编写说明

实施中国特色高水平高职学校和专业建设计划(简称“双高计划”)是教育部、财政部为建设一批引领改革、支撑发展、中国特色、世界水平的高等职业学校和骨干专业(群)而做出的重大决策。哈尔滨职业技术大学(原哈尔滨职业技术学院)入选“双高计划”建设单位,学校对中国特色高水平学校建设进行顶层设计,编制了站位高端、理念领先的建设方案和任务书,并扎实开展了人才培养高地、特色专业群、高水平师资队伍与校企合作等项目建设,借鉴国际先进的教育教学理念,开发中国特色、国际水准的专业标准与规范,深入推动“三教改革”,组建模块化教学创新团队,实施“课程思政”,开展“课堂革命”,校企双元开发活页式、工作手册式、新形态教材。为适应智能时代先进教学手段应用,学校加大优质在线资源的建设,丰富教材的信息化载体,为开发工作过程为导向的优质特色教材奠定基础。

按照教育部印发的《职业院校教材管理办法》要求,教材编写总体思路是:依据学校双高建设方案中教材建设规划、国家相关专业教学标准、专业相关职业标准及职业技能等级标准,服务学生成长成才和就业创业,以立德树人为根本任务,融入课程思政,对接相关产业发展需求,将企业应用的新技术、新工艺和新规范融入教材之中。教材编写遵循技术技能人才成长规律和学生认知特点,适应相关专业人才培养模式创新和课程体系优化的需要,注重以真实生产项目、典型工作任务及典型工作案例等为载体开发教材内容体系,实现理论与实践有机融合,满足“做中学、做中教”的需要。

本系列教材是哈尔滨职业技术大学中国特色高水平高职学校项目建设的重要成果之一,也是哈尔滨职业技术大学教材建设和教法改革成效的集中体现。教材体例新颖,具有以下特色:

第一,教材研发团队组建创新。按照学校教材建设统一要求,遴选教学经验丰富、课程改革成效突出的专业教师担任主编,邀请相关企业作为联合建设单位,形成了一支学校、行业、企业高水平专业人才参与的开发团队,共同参与教材编写。

第二,教材内容整体构建创新。精准对接国家专业教学标准、职业标准、职业技能等级标准确定教材内容体系,参照行业企业标准,有机融入新技术、新工艺、新规范,构建基于职业岗位工作需要的体现真实工作任务、流程的内容体系。

第三,教材编写模式形式创新。与课程改革相配套,按照“工作过程系统化”“项目+任务式”“任务驱动式”“CDIO式”四类课程改革需要设计四大教材编写模式,创新新形态、活页式及工作手册式教材三大编写形式。

第四，教材编写实施载体创新。依据本专业教学标准和人才培养方案要求，在深入企业调研、岗位工作任务和职业能力分析基础上，按照“做中学、做中教”的编写思路，以企业典型工作任务为载体进行教学内容设计，将企业真实工作任务、真实业务流程、真实生产过程纳入教材之中。开发了教学内容配套的教学资源①，满足教师线上线下混合式教学的需要，本教材配套资源同时在相关平台上线，可随时下载相应资源，满足学生在线自主学习课程的需要。

第五，教材评价体系构建创新。从培养学生良好的职业道德、综合职业能力与创新创业能力出发，设计并构建评价体系，注重过程考核和学生、教师、企业等参与的多元评价，在学生技能评价上借助社会评价组织的“1+X”考核评价标准和成绩认定结果进行学分认定，每部教材均根据专业特点设计了综合评价标准。

为确保教材质量，哈尔滨职业技术大学组建了中国特色高水平高职学校项目建设系列教材编审委员会，教材编审委员会由职业教育专家和企业技术专家组成。学校组织了专业与课程专题研究组，对教材持续进行培训、指导、回访等跟踪服务，有常态化质量监控机制，能够为修订完善教材提供稳定支持，确保教材的质量。

本系列教材在学校骨干院校教材建设的基础上，经过几轮修订，融入课程思政内容和课堂革命理念，既具积累之深厚，又具改革之创新，凝聚了校企合作编写团队的集体智慧。本系列教材的出版，充分展示了课程改革成果，为更好地推进中国特色高水平高职学校项目建设做出积极贡献！

哈尔滨职业技术大学中国特色高水平高职
学校项目建设系列教材编审委员会
2024 年 7 月

① 2024 年 6 月，教育部批复同意以哈尔滨职业技术学院为基础设立哈尔滨职业技术大学（教发函〔2024〕119 号）。本书配套教学资源均是在此之前开发的，故署名均为“哈尔滨职业技术学院”。

前言

《安装工程预算》是高职工程造价专业核心课程的配套教材。本书以培养学生具备安装工程造价工程师岗位的职业能力为目标，在使学生掌握基本操作技能的基础上，着重培养学生造价方法的运用，以解决工程实际问题。本书在国务院颁布《国家职业教育改革实施方案》（职教20条）的文件背景下，根据品牌专业建设自身情况，围绕职业院校启动“学历证书+职业技能等级证书”（1+X证书）制度试点工作，遵循以学生为主体、以行为为导向的课程开发理念，按照企业安装工程造价工程师岗位典型工作任务对职业能力的需求确定学习领域及内容，参照行业、企业标准及职业技能标准，梳理“1+X证书”考核内容，确定教材的知识点、技能点和思政点。本书着眼于学生职业生涯发展，有利于智能教学改革的实施，注重学生诚实守信、爱岗敬业、沟通合作、创新意识、工匠精神等思政素质和综合能力的培养，直接反映产业升级、技术进步和职业岗位变化的新要求。

教材设计的理念与思路是按照学生职业能力成长的过程，选择真实的编制清单计价文件工作任务为主线进行教学设计。以行动任务为导向，以任务驱动为手段，注重理论联系实际，在教学中以培养学生造价方法的运用能力为重点，以使学生全面掌握造价文件编制方法为基础，以培养学生分析问题、解决问题的能力为终极目标。为满足高职教育培养“高素质技术技能型”人才的需求，本书的编写注意突出以下特点：

（1）教材采用“学习情境-工作任务”式的结构形式。教材完全打破了传统知识体系章节式的结构形式，以安装工程造价工程师岗位实际工作任务为载体，进行任务教学，突出学生职业能力的培养，实现人才培养与社会需求的良好对接。

（2）校企合作开展教材建设。与建筑企业合作，依托安装工程工程量清单计价规范，对接企业用人标准，立足安装工程造价工程师岗位职责，科学合理地设置教材情境与任务。遵循知识与技能掌握的规律，采用讲练结合的方式，注重任务教学，校企合作共同进行教材设计，提升学生职业能力。

（3）融入课程思政元素。教材建设中根据安装工程造价工程师岗位的实际工作任务，深度挖掘课程思政元素，将践行社会主义核心价值观、爱党爱国、工匠精神等思政元素融入教材，将爱岗敬业、诚实守信、甘于奉献的职业道德融入教材，注重自主学习能力培养，在完成学习性工作任务中训练学生知识、技能等职业能力，锻炼学生分析问题、解决问题的能力。

（4）利用数字化资源，开展智能化教学。教材中利用二维码嵌入现代网络教学资源。扫描二维码可以得到教学及自学使用的相关资源，在校内教学过程中尽量实现教学内容与实际工作的全面结合。

本教材共设5个学习情境，12个工作任务，参考教学时数为48学时。全书由哈尔滨职业技术大学杜园元担任主编，黑龙江农垦职业学院张成、哈尔滨职业技术大学葛贝德担任副主编，参加编写的还有哈尔滨职业技术大学朱琳琳、于微微、李轶峰，哈尔滨学院尚明姝。具体编写分工如下：杜园元负责确定编写体例、统稿工作，编写学习情境3任务1，学习情境4任务1、任务2，学习情境5任务1；张成编写学习情境1任务1，学习情境2任务1、任务2；葛贝德编写学习情境4任务3；朱琳琳编写学习情境5任务3；于微微编写学习情境5任务2；李轶峰编写学习情境1任务2，参与审核与工程数据的校核；尚明姝编写学习情境3任务2。

本教材由哈尔滨职业技术大学建筑工程与应急管理学院院长王天成教授、华夏城投项目管理有限公司的李佳欢高级工程师任主审，两位专家提出了很多专业技术性修改建议。在此特别感谢哈尔滨职业技术大学教材编审委员会领导给予的指导和大力帮助，同时在本书的编写过程中，参考了书后所附各位专家的著作及文献资料，在此一并表示诚挚感谢。

由于编者的业务水平和经验之限，书中难免有不妥之处，恳请指正。

编　者

2024年7月

目 录

学习情境1

建筑给排水系统计量与计价

学习指南

情境导入

某建筑工程施工企业拟参加某小区住宅项目15#楼建筑给排水工程投标，建设单位委托某咨询公司为其编制招标文件，本工程主体地上33层，功能为住宅，建筑高度为99.45 m，建筑面积为20 410.62 m^2，结构类型为剪力墙结构。要求施工企业按照招标文件、施工图纸、《通用安装工程工程量计算规范》(GB 50856—2013)、《建设工程工程量清单计价规范》(GB 50500—2013)、企业定额等相关资料编制该工程投标文件。通过本学习情境的学习，能够独立计算给水、排水系统工程量，进行分部分项工程清单组价，进而编制工程投标文件，从而胜任安装工程造价工程师岗位工作。

学习目标

1. 知识目标

(1)能够阐述建筑给排水系统工程量计算规则。

(2)能够阐述建筑给排水系统工程量计算方法。

(3)能够描述现行的人工、材料及机械台班单价和计价标准。

(4)能够阐述建筑给排水工程的综合单价组价方法和费用构成。

(5)能够阐述主要材料和设备的市场价格并根据市场价格调整综合单价。

2. 能力目标

(1)能熟练识读建筑给排水专业工程施工图。

(2)根据《通用安装工程工程量计算规范》(GB 50856—2013)完成建筑给排水系统工程量的计算。

(3)根据《建设工程工程量清单计价规范》(GB 50500—2013)及企业定额完成建筑给排水系统分部分项工程清单组价。

3. 素质目标

(1)具备勇于创新、敢于挑战、精益求精的工匠精神。

(2)具备团队合作精神和责任意识。

工作任务

1. 建筑给水系统工程量计算及清单计价　　　参考学时：5学时

2. 建筑排水系统工程量计算及清单计价　　　参考学时：4学时

任务 1　建筑给水系统工程量计算与清单计价

任　务　单

<table>
<tr><td>学习情境 1</td><td colspan="3">建筑给排水系统计量与计价</td><td>任务 1</td><td colspan="2">建筑给水系统工程量计算与清单计价</td></tr>
<tr><td>任务学时</td><td colspan="6">5 学时</td></tr>
<tr><td colspan="7">布置任务</td></tr>
<tr><td>任务目标</td><td colspan="6">1. 能够熟练识读建筑给水工程施工平面图、系统图；
2. 能正确查阅建筑给水系统工程量计算规则；
3. 能正确计算给水管道、管道部件、阀门等工程量；
4. 能熟练进行给水管道、管道部件、阀门等分部分项工程清单组价；
5. 能够在完成任务过程中锻炼职业素养，做到工作严谨认真、吃苦耐劳、勇于承担、团结一致，能够主动帮助小组的其他成员</td></tr>
<tr><td>任务描述</td><td colspan="6">文本
建筑给水系统工程量计算与清单计价施工图
根据招标文件、施工图纸等资料，查阅工程量计算规范，正确选择工程量计算规则，计算并核对某小区住宅项目 15#楼给水系统工程量，包括：首层、2～7 层、8～33 层的给水管道、管道部件、阀门等的工程量；根据企业定额、计价规范等资料进行分部分项工程清单组价</td></tr>
<tr><td rowspan="2">学时安排</td><td>资讯</td><td>计划</td><td>决策</td><td>实施</td><td>检查</td><td>评价</td></tr>
<tr><td>0. 5 学时</td><td>0. 5 学时</td><td>1 学时</td><td>2 学时</td><td>0. 5 学时</td><td>0. 5 学时</td></tr>
<tr><td>对学生学习及成果的要求</td><td colspan="6">1. 每名同学均能按照资讯思维导图自主学习；
2. 严格遵守课堂纪律，不迟到、不早退，学习态度认真、端正；
3. 能够熟练识读给排水工程施工图；具备一定的实践动手能力、自学能力、数据计算能力及计算机操作能力；
4. 小组讨论建筑给水系统工程量计算的方案，能够确定建筑给水系统工程量的计算规则，掌握建筑工程量计算及清单组价方法，能够正确计算工程量并进行清单组价；
5. 积极参与小组工作任务讨论，协作完成课堂任务，具备一定的团队沟通协调能力、语言表达能力和团队意识；
6. 讲解工程量计算及清单组价过程，接受教师与学生的点评，积极参与小组自评与互评</td></tr>
</table>

思维导图

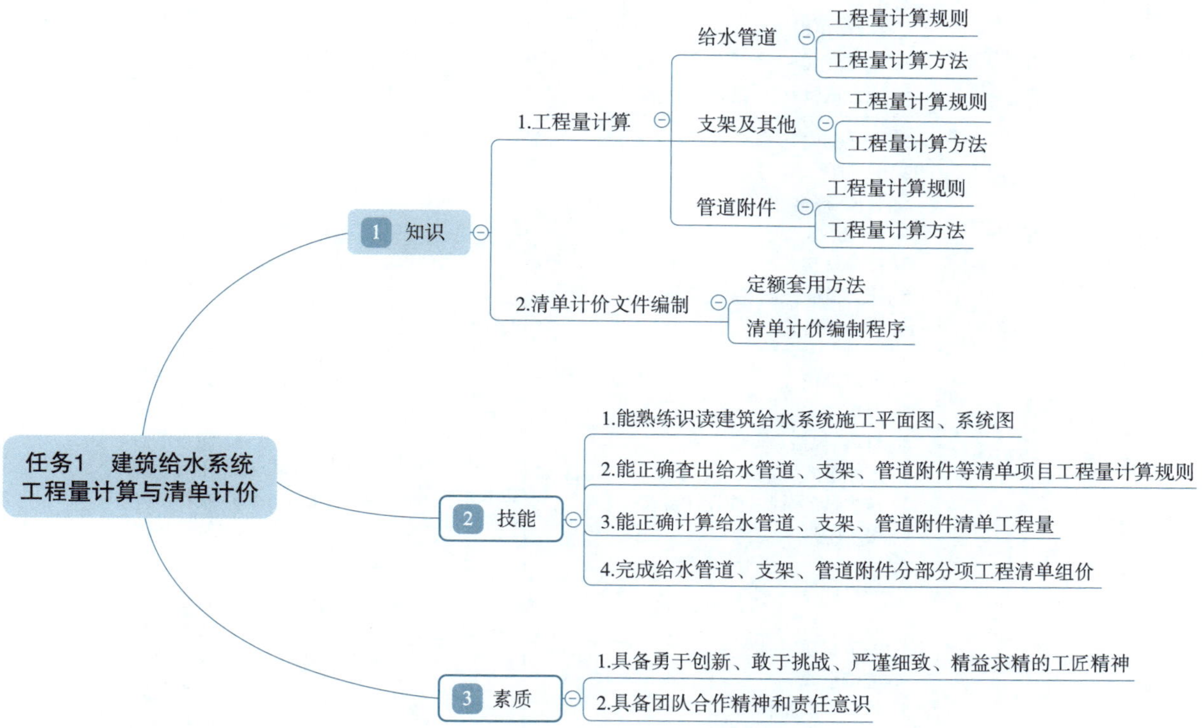

课前自学

【建筑给水系统分部分项清单项目】

《通用安装工程工程量计算规范》(GB 50856—2013)附录J给排水工程中,设置了五个小节67个清单项目,建筑给水系统包括给排水管道、支架及其他、管道附件三个小节。

1. 给排水管道

本节设置了11个清单项目:镀锌钢管,钢管,不锈钢管,铜管,铸铁管,塑料管,复合管,直埋式预制保温管,承插缸瓦管,承插水泥管,室外管道碰头。

2. 支架及其他

本节设置了4个清单项目:管道支吊架,设备支吊架,套管,减震装置制作和安装。

3. 管道附件

本节设置了16个清单项目:螺纹阀门,螺纹法兰阀门,焊接法兰阀门,带短管甲乙阀门,减压器,疏水器,除污器(过滤器),补偿器,软接头,法兰,水表,倒流防止器,热量表,塑料排水管消声器,浮标液面计,浮漂水位标尺。

知识模块1　给水管道工程量计算与清单计价

一、给水管道工程量计算规则

给排水、采暖、燃气管道工程量清单项目设置、项目特征描述的内容、计量单位及工程量计算规则,应按表1-1-1的规定执行。

表 1-1-1　给排水、采暖、燃气管道(编码:031001)

项目编码	项目名称	项目特征	计量单位	工程量计算规则	工作内容
031001001	镀锌钢管	1. 安装部位 2. 介质 3. 规格、压力等级 4. 连接形式 5. 压力试验及吹、洗设计要求	m	按设计图示管道中心线以长度计算	1. 管道安装 2. 管件制作、安装 3. 压力试验 4. 吹扫、冲洗
031001002	钢管				
031001003	不锈钢管				
031001004	铜管				
031001005	铸铁管	1. 安装部位 2. 介质 3. 材质、规格 4. 连接形式 5. 接口材料 6. 压力试验及吹、洗设计要求 7. 警示带形式			1. 管道安装 2. 管件安装 3. 压力试验 4. 吹扫、冲洗 5. 警示带铺设
031001006	塑料管	1. 安装部位 2. 介质 3. 材质、规格 4. 连接形式 5. 压力试验及吹、洗设计要求 6. 警示带形式			1. 管道安装 2. 管件安装 3. 塑料卡固定 4. 压力试验 5. 吹扫、冲洗 6. 警示带铺设
031001007	复合管				
031001008	直埋式预制保温管	1. 埋设深度 2. 介质 3. 管道材质、规格 4. 连接形式 5. 接口保温材料 6. 压力试验及吹、洗设计要求 7. 警示带形式			1. 管道安装 2. 管件安装 3. 接口保温 4. 压力试验 5. 吹扫、冲洗 6. 警示带铺设
031001009	承插缸瓦管	1. 埋设深度 2. 规格 3. 接口方式及材料 4. 压力试验及吹、洗设计要求 5. 警示带形式			1. 管道安装 2. 管件安装 3. 压力试验 4. 吹扫、冲洗 5. 警示带铺设
031001010	承插水泥管				
031001011	室外管道碰头	1. 介质 2. 碰头形式 3. 材质、规格 4. 连接形式 5. 防腐、绝热设计要求	处	按设计图示以处计算	1. 挖填工作坑或暖气沟拆除及修复 2. 碰头 3. 接口处防腐 4. 接口处绝热及保护层

注:

①安装部位,指管道安装在室内、室外。

②输送介质包括给水、排水、中水、雨水、热媒体、燃气、空调水等。

③方形补偿器制作安装,应含在管道安装综合单价中。

④铸铁管安装适用于承插铸铁管、球墨铸铁管、柔性抗震铸铁管等。

⑤塑料管安装:

- 适用于 UPVC、PVC、PP-C、PP-R、PE、PB 管等塑料管材。
- 项目特征应描述是否设置阻火圈或止水环,按设计图纸或规范要求计入综合单价中。

⑥复合管安装适用于钢塑复合管、铝塑复合管、钢骨架复合管等复合型管道安装。

⑦直埋保温管包括直埋保温管件安装及接口保温。

⑧排水管道安装包括立管检查口、透气帽。

⑨室外管道碰头:

- 适用于新建或扩建工程热源、水源、气源管道与原(旧)有管道碰头。
- 室外管道碰头包括挖工作坑、土方回填或暖气沟局部拆除及修复。
- 带介质管道碰头包括开关闸、临时放水管线铺设等费用。
- 热源管道碰头每处包括供、回水两个接口。
- 碰头形式指带介质碰头、不带介质碰头。

⑩管道工程量计算不扣除阀门、管件(包括减压器、疏水器、水表、伸缩器等组成安装)及附属构筑物所占长度;方形补偿器以其所占长度列入管道安装工程量。

⑪压力试验按设计要求描述试验方法,如水压试验、气压试验、泄漏性试验、闭水试验、通球试验、真空试验等。

⑫吹、洗按设计要求描述吹扫、冲洗方法,如水冲洗、消毒冲洗、空气吹扫等。

二、相关问题及说明

(1)给水管道室内外界限划分:以建筑物外墙皮 1.5 m 为界,入口处设阀门者以阀门为界。与市政给水管道的界限应以水表井为界;无水表井的,应以与市政给水管道碰头点为界。

(2)凡涉及管沟及井类的土石方开挖、垫层、基础、砌筑、抹灰、井盖板预制安装、回填、运输,路面开挖及修复、管道支墩等,应按《房屋建筑与装饰工程计量规范》《市政工程计量规范》相关项目编码列项。

(3)凡涉及管道、设备及支架除锈、刷油、保温的工作内容,除注明者外,均应按《通用安装工程工程量计算规范》(GB 50856—2013)附录 L 刷油、防腐蚀、绝热工程相关项目编码列项。

(4)凿槽(沟)、打洞项目,应按《通用安装工程工程量计算规范》(GB 50856—2013)附录 D 电气设备安装工程相关项目编码列项。

三、给水管道工程量计算及清单组价实例

【例 1-1-1】 某建筑共四层,每层层高均为 3.3 m,外墙厚度为 0.37 m,内墙厚度为 0.24 m,平面布置图如图 1-1-1 所示,系统图如图 1-1-2 所示,给水管道用镀锌钢管,给水管道在一层室内地面以下,穿墙进入室内处设穿墙套管(刚性防水套管)一个,立管穿楼板处设一般钢套管。试计算管道工程量并进行组价。

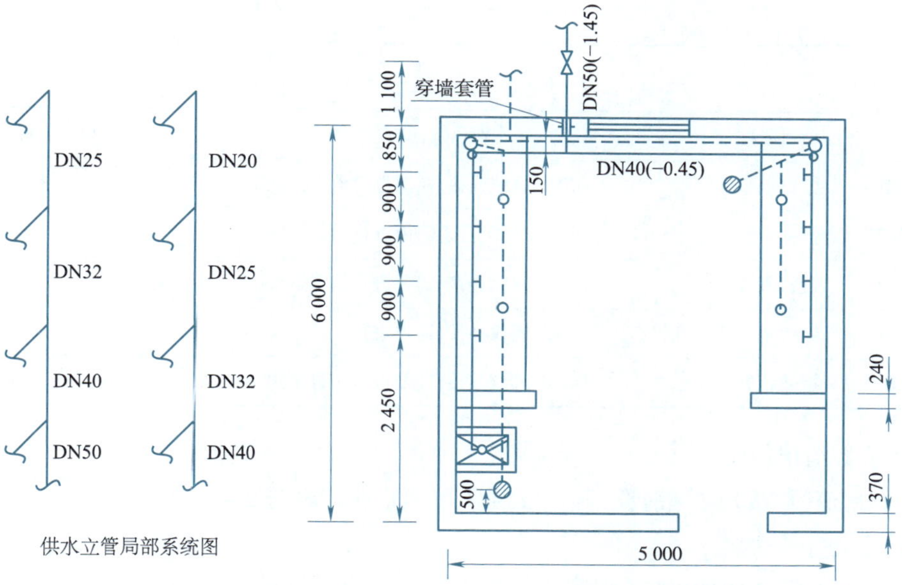

图 1-1-1 1~4 层盥洗室给水排水管道布置平面图

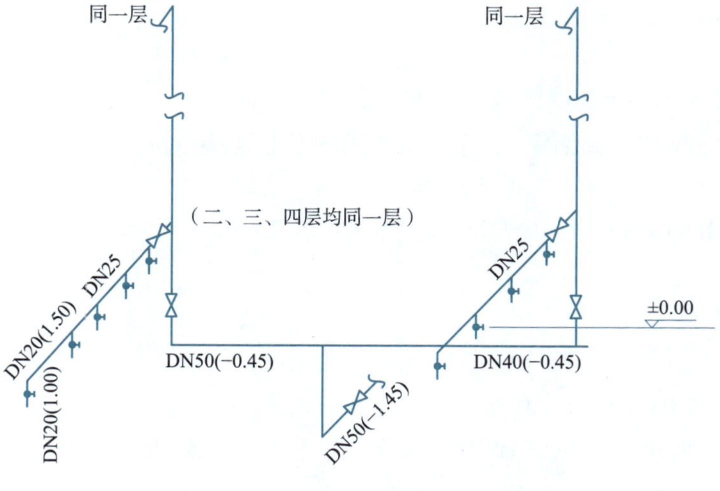

图 1-1-2 给水系统图

1)计算工程量

表 1-1-2 所示为管道工程量分析计算,表 1-1-3 所示为管道工程量。

表 1-1-2　管道工程量分析计算

序号	名称	计量单位	部位	计算式	工程量	图　例
1	镀锌钢管 DN50	m	室内	水平:1.1 +0.37/2 +0.12 -0.45 +1.45 +2 -0.37/2 -0.05 +0.12 +0.45 立管:1.5	6.24	
2	镀锌钢管 DN40	m	室内	水平:5 -2 -0.37/2 -0.05 +0.12 +0.45 立管:3.3 +1.5	8.14	
3	镀锌钢管 DN32	m	室内	水平:0 立管:3.3 +3.3	6.6	
4	镀锌钢管 DN25	m	室内	水平:2 ×4 ×(0.85 +0.9 ×3 -0.37/2 -0.15) 立管:3.3 +3.3	32.32	
5	镀锌钢管 DN20	m	室内	水平:[0.3 +0.4 +0.24 +0.9 +(1.5 -1) ×5] ×4 立管:3.3	20.66	

表 1-1-3　管道工程量

序号	项目编码	项目名称	项目特征描述	单位	工程量	备注
1	031001001001	镀锌钢管	DN50,螺纹连接,需要进行消毒清洗	m	6.24	
2	031001001002	镀锌钢管	DN40,螺纹连接,需要进行消毒清洗	m	8.14	
3	031001001003	镀锌钢管	DN30,螺纹连接,需要进行消毒清洗	m	6.6	
4	031001001004	镀锌钢管	DN25,螺纹连接,需要进行消毒清洗	m	32.32	
5	031001001005	镀锌钢管	DN20,螺纹连接,需要进行消毒清洗	m	20.66	

2)分部分项工程清单组价

(1)每米给水管道(DN50 镀锌钢管)制作安装费用的企业定额分析:

人工费:24.73 元。

材料费:26.51 元(其中 DN50 镀锌钢管的主材价格:19.5 元/m)。

机械费:1.56 元。

企业管理费:3.46 元。

利润:5.44 元。

综合单价:24.73 +26.51 +1.56 +3.46 +5.44 =61.7(元/m)。

(2)每米给水管道(DN40 镀锌钢管)制作安装费用的企业定额分析:

人工费:23.04 元。

材料费:22.89 元(其中 DN40 镀锌钢管的主材价格:15.23 元/m)。

机械费:1.21 元。

企业管理费:3.23 元。

利润:5.07 元。

综合单价:23.04 +22.89 +1.21 +3.23 +5.07 =55.44(元/m)。

(3)每米给水管道(DN32 镀锌钢管)制作安装费用的企业定额分析:

人工费:22.56 元。

材料费:19.94 元(其中 DN32 镀锌钢管的主材价格:11.83 元/m)。
机械费:1.05 元。
企业管理费:3.16 元。
利润:4.96 元。
综合单价:22.56 +19.94 +1.05 +3.16 +4.96 =51.67(元/m)。
(4)每米给水管道(DN25 镀锌钢管)制作安装费用的企业定额分析:
人工费:20.86 元。
材料费:16.93 元(其中 DN25 镀锌钢管的主材价格:8.89 元/m)。
机械费:0.8 元。
企业管理费:2.92 元。
利润:4.59 元。
综合单价:20.86 +16.93 +0.8 +2.92 +4.59 =46.1(元/m)。
(5)每米给水管道(DN20 镀锌钢管)制作安装费用的企业定额分析:
人工费:17.35 元。
材料费:13.58 元(其中 DN20 镀锌钢管的主材价格:5.89 元/m)。
机械费:0.41 元。
企业管理费:2.43 元。
利润:3.82 元。
综合单价:17.35 +13.58 +0.41 +2.43 +3.82 =37.59(元/m)。
表 1-1-4 所示为分部分项工程清单计价表。

表 1-1-4　分部分项工程清单计价表

序号	项目编码	项目名称	项目特征描述	工程量(m)	综合单价(元/m)	综合合价(元)
1	031001001001	镀锌钢管	DN50,螺纹连接	6.24	61.7	385.01
2	031001001002	镀锌钢管	DN40,螺纹连接	8.14	55.44	451.28
3	031001001003	镀锌钢管	DN30,螺纹连接	6.6	51.67	341.02
4	031001001004	镀锌钢管	DN25,螺纹连接	32.32	46.1	1 489.95
5	031001001005	镀锌钢管	DN20,螺纹连接	20.66	37.59	776.61

想一想

给水管道室内外界限如何划分?

知识模块 2　支架工程量计算与清单计价

一、支架及其他工程量计算规则

支架及其他工程量清单项目设置、项目特征描述的内容、计量单位及工程量计算规则,应按表 1-1-5 的规定执行。

表 1-1-5　支架及其他(编码:031002)

项目编码	项目名称	项目特征	计量单位	工程量计算规则	工作内容
031002001	管道支吊架	1. 材质 2. 管架形式 3. 支吊架衬垫材质 4. 减震器形式及做法	1. kg 2. 套	1. 以千克计量,按设计图示质量计算 2. 以套计量,按设计图示数量计算	1. 制作 2. 安装
031002002	设备支吊架	1. 材质 2. 形式			

续表

项目编码	项目名称	项目特征	计量单位	工程量计算规则	工作内容
031002003	套管	1. 类型 2. 材质 3. 规格 4. 填料材质 5. 除锈、刷油材质及做法	个	按设计图示数量计算	1. 制作 2. 安装 3. 除锈、刷油
031002004	减震装置制作、安装	1. 型号、规格 2. 材质 3. 安装形式	台	按设计图示，以需要减震的设备数量计算	1. 制作 2. 安装

注：
①单件支架质量 100 kg 以上的管道支吊架执行设备支吊架制作安装。
②成品支吊架安装执行相应管道支吊架或设备支吊架项目，不再计取制作费，支吊架本身价值含在综合单价中。
③套管制作安装，适用于穿基础、墙、楼板等部位的防水套管、填料套管、无填料套管及防火套管等，应分别列项。
④减震装置制作、安装，项目特征要描述减震器型号、规格及数量。

二、支架工程量计算及清单组价实例

【例 1-1-2】 在【例 1-1-1】中假设盥洗室内水平供水管是在吊顶内沿四周的墙面支架敷设，每层楼敷设支架数量为 6 个，支架示意图如图 1-1-3 所示，试计算其管道支架及套管的工程量并进行组价。

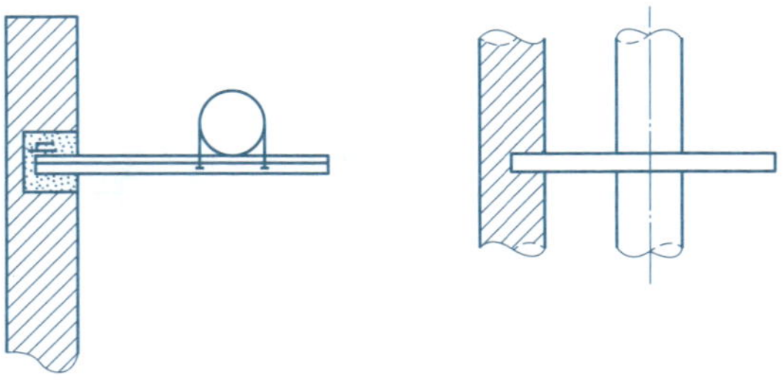

（a）　　（b）

图 1-1-3　单管托架示意图

1）工程量计算

表 1-1-6 所示为工程量分析计算，表 1-1-7 所示为工程量计算表。

表 1-1-6　工程量分析计算

序号	名　　称	计量单位	部位	计 算 式	工程量	图　　例
1	水平管道支架（吊顶内）	kg	吊顶内水平管支架	4×6×0.6×2.42	34.85	
2	刚性防水套管（介质管道直径 DN50）	个	外墙	1	1	

续表

序号	名　称	计量单位	部位	计 算 式	工程量	图　例
3	一般钢套管(介质管道直径 DN50)	个	楼板	1	1	
4	一般钢套管(介质管道直径 DN40)	个	楼板	1+1	2	
5	一般钢套管(介质管道直径 DN32)	个	楼板	1+1	2	
6	一般钢套管(介质管道直径 DN25)	个	楼板	1+1	2	
7	一般钢套管(介质管道直径 DN20)	个	楼板	1	1	

表 1-1-7　工程量计算表

序号	项目编码	项目名称	项目特征描述	单位	工程量	备　注
1	031002001001	水平管道支架(吊顶内)	吊顶内水平管支架	kg	34.85	
2	031002003001	套管	刚性防水套管,介质管道公称直径 DN50,套管材料直径 DN80,安装部位:外墙(厚度 370 mm)	个	1	
3	031002003002	套管	一般钢套管,介质管道公称直径 DN50,套管材料直径 DN80,安装部位:楼板(厚度 120 mm)	个	1	
4	031002003003	套管	一般钢套管,介质管道公称直径 DN40,套管材料直径 DN65,安装部位:楼板(厚度 120 mm)	个	2	
5	031002003004	套管	一般钢套管,介质管道公称直径 DN32,套管材料直径 DN50,安装部位:楼板(厚度 120 mm)	个	2	
6	031002003005	套管	一般钢套管,介质管道公称直径 DN25,套管材料直径 DN40,安装部位:楼板(厚度 120 mm)	个	2	
7	031002003006	套管	一般钢套管,介质管道公称直径 DN20,套管材料直径 DN32,安装部位:楼板(厚度 120 mm)	个	1	

2)分部分项工程清单组价

(1)每千克给水管道支架制作安装费用的企业定额分析:

人工费:7.51 元。

材料费:5.78 元(其中 5#角钢主材价格:4.47 元/kg)。

机械费:0.82 元。

企业管理费:1.05 元。

利润:1.66 元。

综合单价:7.51+5.78+0.82+1.05+1.66=16.82(元/kg)。

(2)每个刚性防水套管(介质管道公称直径 50 mm)制作安装费用的企业定额分析:

人工费:103.17 元。

材料费:78.95 元(其中焊接钢管主材费用:19.38 元)。

机械费:12.71 元。

企业管理费:14.45 元。

利润:22.69 元。

综合单价:103. 17 +78. 95 +12. 71 +14. 45 +22. 69 =231. 97(元/个)。

(3)每个一般钢套管(介质管道公称直径 50 mm)制作安装费用的企业定额分析:

人工费:13. 05 元。

材料费:26. 29 元(其中焊接钢管主材费用:10. 27 元)。

机械费:0. 79 元。

企业管理费:1. 83 元。

利润:2. 87 元。

综合单价:13. 05 +26. 29 +0. 79 +1. 83 +2. 87 =44. 83(元/个)。

(4)每个一般钢套管(介质管道公称直径 40 mm)制作安装费用的企业定额分析:

人工费:13. 05 元。

材料费:20. 86 元(其中焊接钢管主材费用:4. 84 元)。

机械费:0. 79 元。

企业管理费:1. 83 元。

利润:2. 87 元。

综合单价:13. 05 +20. 86 +0. 79 +1. 83 +2. 87 =39. 4(元/个)。

(5)每个一般钢套管(介质管道公称直径 32 mm)制作安装费用的企业定额分析:

人工费:9. 62 元。

材料费:10. 44 元(其中焊接钢管主材费用:4. 75 元)。

机械费:0. 74 元。

企业管理费:1. 35 元。

利润:2. 12 元。

综合单价:9. 62 +10. 44 +0. 74 +1. 35 +2. 12 =24. 27(元/个)。

(6)每个一般钢套管(介质管道公称直径 25 mm)制作安装费用的企业定额分析:

人工费:9. 62 元。

材料费:8. 95 元(其中焊接钢管主材费用:3. 26 元)。

机械费:0. 74 元。

企业管理费:1. 35 元。

利润:2. 12 元。

综合单价:9. 62 +8. 95 +0. 74 +1. 35 +2. 12 =22. 78(元/个)。

(7)每个一般钢套管(介质管道公称直径 20 mm)制作安装费用的企业定额分析:

人工费:8. 49 元。

材料费:6. 72 元(其中焊接钢管主材费用:2. 94 元)。

机械费:0. 65 元。

企业管理费:1. 19 元。

利润:1. 87 元。

综合单价:8. 49 +6. 72 +0. 65 +1. 19 +1. 87 =18. 92(元/个)。

表 1-1-8 所示为分部分项工程清单计价表。

表 1-1-8 分部分项工程清单计价表

序号	项目编码	项目名称	项目特征描述	工程量	综合单价	综合合价
1	031002001001	水平管道支架(吊顶内)	吊顶内水平管支架	34. 85 kg	16. 82 元/kg	586. 18 元

续表

序号	项目编码	项目名称	项目特征描述	工程量	综合单价	综合合价
2	031002003001	套管	刚性防水套管，介质管道公称直径 DN50，套管材料直径 DN80，安装部位：外墙（厚度 370 mm）	1 个	231.97 元/个	231.97 元
3	031002003002	套管	一般钢套管，介质管道公称直径 DN50，套管材料直径 DN80，安装部位：楼板（厚度 120 mm）	1 个	44.83 元/个	44.83 元
4	031002003003	套管	一般钢套管，介质管道公称直径 DN40，套管材料直径 DN65，安装部位：楼板（厚度 120 mm）	2 个	39.4 元/个	78.8 元
5	031002003004	套管	一般钢套管，介质管道公称直径 DN32，套管材料直径 DN50，安装部位：楼板（厚度 120 mm）	2 个	24.27 元/个	48.54 元
6	031002003005	套管	一般钢套管，介质管道公称直径 DN25，套管材料直径 DN40，安装部位：楼板（厚度 120 mm）	2 个	22.78 元/个	45.56 元
7	031002003006	套管	一般钢套管，介质管道公称直径 DN20，套管材料直径 DN32，安装部位：楼板（厚度 120 mm）	1 个	18.92 元/个	18.92 元

思一思

管道支吊架工程量计量单位何时采用“kg”，何时采用“套”？

知识模块3　管道附件工程量计算与清单计价

一、管道附件工程量计算规则

管道附件工程量清单项目设置、项目特征描述的内容、计量单位及工程量计算规则，应按表 1-1-9 的规定执行。

表 1-1-9　管道附件（编码：031003）

项目编码	项目名称	项目特征	计量单位	工程量计算规则	工作内容
031003001	螺纹阀门	1. 类型 2. 材质 3. 规格、压力等级 4. 连接形式 5. 焊接方法	个	按设计图示数量计算	安装
031003002	螺纹法兰阀门				
031003003	焊接法兰阀门				
031003004	带短管甲乙阀门	1. 材质 2. 规格、压力等级 3. 连接形式 4. 接口方式及材质			
031003005	减压器	1. 材质 2. 规格、压力等级 3. 连接形式 4. 附件名称、规格、数量	组		1. 组成 2. 安装
031003006	疏水器				
031003007	除污器（过滤器）				
031003008	补偿器	1. 类型 2. 材质 3. 规格、压力等级 4. 连接形式	个		安装
031003009	软接头	1. 材质 2. 规格 3. 连接形式			

续表

项目编码	项目名称	项目特征	计量单位	工程量计算规则	工作内容
031003010	法兰	1. 材质 2. 规格、压力等级 3. 连接形式	副(片)		安装
031003011	水表	1. 安装部位(室内外) 2. 型号、规格 3. 连接形式 4. 附件名称、规格、数量	组		1. 组成 2. 安装
031003012	倒流防止器	1. 材质 2. 型号、规格 3. 连接形式	套	按设计图示数量计算	
031003013	热量表	1. 类型 2. 型号、规格 3. 连接形式	块		安装
031003014	塑料排水管消声器	1. 规格 2. 连接形式	个		
031003015	浮标液面计		组		
031003016	浮漂水位标尺	1. 用途 2. 规格	套		

注：
①法兰阀门安装包括法兰安装，不得另计法兰安装。阀门安装如仅为一侧法兰连接时，应在项目特征中描述。
②塑料阀门连接形式需注明热熔连接、粘接、热风焊接等方式。
③减压器规格按高压侧管道规格描述。
④减压器、疏水器、除污器(过滤器)项目包括组成与安装，项目特征应描述所配阀门、压力表、温度计等附件的规格和数量。
⑤水表安装项目，项目特征应描述所配阀门等附件的规格和数量。
⑥所有阀门、仪表安装中均不包括电气接线及测试，发生时按《通用安装工程工程量计算规范》(GB 50856—2013)附录 D 电气设备安装工程相关项目编码列项。

二、管道附件工程量计算及清单组价实例

【例 1-1-3】 试计算【例 1-1-1】中管道附件工程量并进行组价。

1)计算工程量

表 1-1-10 所示为管道附件工程量分析计算，表 1-1-11 所示为工程量计算表。

表 1-1-10 管道附件工程量分析计算

序号	名称	计量单位	部位	计算式	工程量	图　例
1	螺纹阀门 DN50	个	室内	1 + 1	2	
2	螺纹阀门 DN40	个	室内	1	1	
3	螺纹阀门 DN25	个	室内	2 × 4	8	

表 1-1-11 工程量计算表

序号	项目编码	项目名称	项目特征描述	单位	工程量	备　注
1	031001005001	螺纹阀门	室内 DN50	个	2	
2	031001005002	螺纹阀门	室内 DN40	个	1	
3	031001005003	螺纹阀门	室内 DN25	个	8	

2)分部分项工程清单组价

(1)每个螺纹阀门(公称直径 50 mm)制作安装费用的企业定额分析：

人工费:26.7 元。

材料费:101.93 元(其中焊接钢管主材费用:84.91 元)。

机械费:2.45 元。

企业管理费:3.74 元。

利润:5.87 元。

综合单价:26.7 + 101.93 + 2.45 + 3.74 + 5.87 = 140.69(元/个)。

(2)每个螺纹阀门(公称直径 40 mm)制作安装费用的企业定额分析:

人工费:21.73 元。

材料费:77.99 元(其中焊接钢管主材费用:65.69 元)。

机械费:1.76 元。

企业管理费:3.04 元。

利润:4.78 元。

综合单价:21.73 + 77.99 + 1.76 + 3.04 + 4.78 = 109.3(元/个)。

(3)每个螺纹阀门(公称直径 25 mm)制作安装费用的企业定额分析:

人工费:10.87 元。

材料费:33.53 元(其中焊接钢管主材费用:26.82 元)。

机械费:1.14 元。

企业管理费:1.52 元。

利润:2.39 元。

综合单价:10.87 + 33.53 + 1.14 + 1.52 + 2.39 = 49.45(元/个)。

表 1-1-12 所示为分部分项工程清单计价表。

表 1-1-12　分部分项工程清单计价表

序号	项目编码	项目名称	项目特征描述	工程量(个)	综合单价(元/个)	综合合价(元)
1	031001005001	螺纹阀门	室内 DN50	2	140.69	281.38
2	031001005002	螺纹阀门	室内 DN40	1	109.3	109.3
3	031001005003	螺纹阀门	室内 DN25	8	49.45	395.6

思一思

如果某工程的施工图纸中注明管径大于 DN50 管道上的阀门采用焊接法兰阀门,则在计算管道附件工程量时,是否还需要单独计算法兰片?

任务实施

根据某企业工程投标需求，结合给水工程系统图、平面图等图纸，以及相关规范、企业定额等资料，计算给水系统工程量并进行分部分项工程清单组价，其计算程序基本包括如下步骤：

一、熟悉图纸

小组成员在充分了解设计说明的基础上，结合系统图、平面图熟练识读给排水工程施工图，认真区分管径规格、型号，以及与其他管道的连接方式、立管变径长度和变径点，在此基础上计算工程量。

二、选择工程量计算规则，计算工程量

根据《通用安装工程工程量计算规范》（GB 50856—2013）区分项目类别，针对管道、支架、管道附件等具体项目，根据项目特征，选择工程量计算规则，按照工程量计算规则进行工程量计算。

三、复核工程量

每个小组将工程量计算完成后，由小组其他人员进行校核；并与招标单位给定的工程量清单进行复核；小组复核完成后，其他小组对另外五个小组分别复核。

四、确定取费费率

根据黑龙江省住房和城乡建设厅各年度下发建筑安装工程结算参照标准及企业定额确定相应费率。

五、确定分部分项工程综合单价

根据企业定额确定消耗量指标和生产要素单价，确定完成各清单项目实际应发生的工程内容，计算工程内容的工程数量与清单单位的含量：

清单单位含量＝（某工程内容的定额工程量）/清单工程量

计算分部分项工程人工、材料、施工机具使用费，计算企业管理费和利润，汇总计算出分部分项工程综合单价。

笔记栏

【编制建筑给水系统工程量计算及清单计价工作单】

计 划 单

学习情境 1	建筑给排水系统计量与计价	任务 1	建筑给水系统工程量计算与清单计价
工作方式	组内讨论、团结协作，共同制订计划：小组成员进行工作讨论，确定工作步骤	计划学时	0.5 学时
完成人	1. ________ 2. ________ 3. ________ 4. ________ 5. ________ 6. ________		
计划依据：1. 老师给定的工程相关图纸；2. 工程相关规范；3. 企业定额			

序号	计划步骤	具体工作内容描述
1	准备工作 （整理建设工程基本信息，谁去做？）	
2	组织分工 （成立组织，人员具体都完成什么？）	
3	制订两套工程量计算和组价方案 （各有何特点？）	
4	计算工程量 （分析工程量计算过程，谁负责？）	
5	汇总工程量 （汇总什么，如何汇总利于组价？）	
6	分部分项工程清单组价 （谁负责？组成要素是什么？）	
制订计划说明	（写出制订计划中人员为完成任务的主要建议或可以借鉴的建议、需要解释的某一方面）	

决 策 单

<table>
<tr><td>学习情境 1</td><td colspan="2">建筑给排水系统计量与计价</td><td>任务 1</td><td colspan="2">建筑给水系统工程量计算与清单计价</td></tr>
<tr><td colspan="3">决策学时</td><td colspan="3">1 学时</td></tr>
<tr><td colspan="6">决策目的：确定本小组认为最优的工程量计算及清单组价方案</td></tr>
<tr><td rowspan="7">方案
优劣比对</td><td rowspan="2">比对项目</td><td colspan="2">工作方案特点</td><td rowspan="2" colspan="2">确定最优方案
（画√）</td></tr>
<tr><td>方案名称 1：</td><td>方案名称 2：</td></tr>
<tr><td>计算规则选取是否准确</td><td></td><td></td><td rowspan="5" colspan="2">方案 1 优□</td></tr>
<tr><td>计算分析过程是否精确</td><td></td><td></td></tr>
<tr><td>计算公式准确性</td><td></td><td></td></tr>
<tr><td>组价要素是否全面</td><td></td><td></td></tr>
<tr><td>计算结果正确性</td><td></td><td></td></tr>
<tr><td colspan="2">方案 1 简介：</td><td colspan="2">方案 2 简介：</td><td colspan="2">方案 2 优□</td></tr>
</table>

作 业 单

<table>
<tr><td>学习情境 1</td><td colspan="2">建筑给排水系统计量与计价</td><td>任务 1</td><td>建筑给水系统工程量计算与清单计价</td></tr>
<tr><td rowspan="2">参加人员</td><td colspan="2">第____组</td><td colspan="2">开始时间：</td></tr>
<tr><td colspan="2">签名：</td><td colspan="2">结束时间：</td></tr>
<tr><td>序号</td><td colspan="2">工作内容记录
（根据实施的具体工作记录，包括存在的问题及解决方法）</td><td colspan="2">分工
（负责人）</td></tr>
<tr><td></td><td colspan="2"></td><td colspan="2"></td></tr>
<tr><td></td><td colspan="2"></td><td colspan="2"></td></tr>
<tr><td></td><td colspan="2"></td><td colspan="2"></td></tr>
<tr><td></td><td colspan="2"></td><td colspan="2"></td></tr>
<tr><td></td><td colspan="2"></td><td colspan="2"></td></tr>
<tr><td></td><td colspan="2"></td><td colspan="2"></td></tr>
<tr><td></td><td colspan="2"></td><td colspan="2"></td></tr>
<tr><td></td><td colspan="2"></td><td colspan="2"></td></tr>
<tr><td></td><td colspan="2"></td><td colspan="2"></td></tr>
<tr><td></td><td colspan="2"></td><td colspan="2"></td></tr>
<tr><td></td><td colspan="2"></td><td colspan="2"></td></tr>
<tr><td></td><td colspan="2"></td><td colspan="2"></td></tr>
<tr><td rowspan="2">小结</td><td colspan="2">主要描述完成的成果及是否达到目标</td><td colspan="2">存在的问题</td></tr>
<tr><td colspan="2"></td><td colspan="2"></td></tr>
</table>

检 查 单

学习情境 1	建筑给排水系统计量与计价		任务 1	建筑给水系统工程量计算与清单计价			
检查学时		0.5 学时		第____组			
检查目的及方式		教学过程监控小组的工作情况，如检查等级为不合格小组需要整改，并拿出整改说明					
序号	检查项目	检查标准	检查结果分级① （在检查相应的分级框内画“√”）				
			优秀	良好	中等	合格	不合格
1	准备工作	建设工程基本信息、相关依据材料是否准备完整，学习资源是否查到					
2	分工情况	安排是否合理、全面，分工是否明确					
3	工作态度	小组工作是否积极主动、全员参与					
4	纪律出勤	是否按时完成负责的工作内容，是否遵守工作纪律					
5	团队合作	是否相互协作、互相帮助，成员是否听从指挥					
6	创新意识	任务完成不照搬照抄，看问题具有独到见解、创新思维					
7	完成效率	工作单是否记录完整，是否按照计划完成任务					
8	完成质量	工作单填写是否准确					
检查评语						教师签字：	

① 优秀(90 分以上)，良好(80～89 分)，中等(70～79 分)，及格(60～69 分)，不及格(60 分以下)。

任务评价

小组工作评价单

<table>
<tr><td>学习情境 1</td><td colspan="3">建筑给排水系统计量与计价</td><td>任务 1</td><td colspan="3">建筑给水系统工程量计算与清单计价</td></tr>
<tr><td>评价学时</td><td colspan="7">0.5 学时</td></tr>
<tr><td>评价类别</td><td>项目</td><td colspan="3">子项目</td><td>个人评价</td><td>组内互评</td><td>教师评价</td></tr>
<tr><td rowspan="9">专业能力</td><td rowspan="2">准备工作
(10%)</td><td colspan="3">准备工作完整性(5%)</td><td></td><td></td><td></td></tr>
<tr><td colspan="3">工作步骤内容描述(5%)</td><td></td><td></td><td></td></tr>
<tr><td rowspan="2">计算过程
(20%)</td><td colspan="3">计算方法的正确性(10%)</td><td rowspan="2"></td><td rowspan="2"></td><td rowspan="2"></td></tr>
<tr><td colspan="3">计算过程的完整性(10%)</td></tr>
<tr><td rowspan="2">计算结果
(10%)</td><td colspan="3">工程量计算结果的正确性(5%)</td><td rowspan="2"></td><td rowspan="2"></td><td rowspan="2"></td></tr>
<tr><td colspan="3">清单组价结果的正确性(5%)</td></tr>
<tr><td>安全文明
(10%)</td><td colspan="3">工作过程遵守相关要求及注意事项</td><td></td><td></td><td></td></tr>
<tr><td>完成时间
(10%)</td><td colspan="3">在要求时间内完成相关任务，每超 5 min 扣 2 分</td><td></td><td></td><td></td></tr>
<tr style="display:none"><td></td></tr>
<tr><td rowspan="2">社会能力</td><td>团结协作
(10%)</td><td colspan="3"></td><td></td><td></td><td></td></tr>
<tr><td>敬业精神
(10%)</td><td colspan="3"></td><td></td><td></td><td></td></tr>
<tr><td rowspan="2">方法能力</td><td>计划能力
(10%)</td><td colspan="3"></td><td></td><td></td><td></td></tr>
<tr><td>决策能力
(10%)</td><td colspan="3"></td><td></td><td></td><td></td></tr>
<tr><td rowspan="2">评价评语</td><td>班　　级</td><td></td><td>姓　　名</td><td></td><td>学号</td><td></td><td>总评</td></tr>
<tr><td>教师签字</td><td></td><td>第　　组</td><td>组长签字</td><td></td><td>日期</td><td></td></tr>
</table>

小组成员素质评价单

<table>
<tr><td>学习情境 1</td><td colspan="3">建筑给排水系统计量与计价</td><td>任务 1</td><td colspan="3">建筑给水系统工程量计算与清单计价</td></tr>
<tr><td>班　级</td><td colspan="2"></td><td>第____组</td><td colspan="2"></td><td>成员姓名</td><td></td></tr>
<tr><td>评分说明</td><td colspan="7">每个小组成员评价分为自评和小组其他成员评价两部分，取平均值计算，作为该小组成员的任务评价个人分数。评价项目共设计 5 个，依据评分标准给予合理量化打分。小组成员自评分后，要找小组其他成员以不记名方式打分</td></tr>
<tr><td>评分项目</td><td>评分标准</td><td>自评
(100 分)</td><td>成员 1
(100 分)</td><td>成员 2
(100 分)</td><td>成员 3
(100 分)</td><td>成员 4
(100 分)</td><td>成员 5
(100 分)</td></tr>
<tr><td>核心价值观
(20 分)</td><td>是否践行社会主义核心价值观</td><td></td><td></td><td></td><td></td><td></td><td></td></tr>
<tr><td>工作态度
(20 分)</td><td>是否按时完成负责的工作内容、遵守纪律，是否积极主动参与小组工作且全过程参与，是否吃苦耐劳、具有工匠精神</td><td></td><td></td><td></td><td></td><td></td><td></td></tr>
<tr><td>交流沟通
(20 分)</td><td>是否能良好地表达自己的观点，是否能倾听他人的观点</td><td></td><td></td><td></td><td></td><td></td><td></td></tr>
<tr><td>团队合作
(20 分)</td><td>是否与小组成员合作完成任务，是否做到相互协作、互相帮助、听从指挥</td><td></td><td></td><td></td><td></td><td></td><td></td></tr>
<tr><td>创新意识
(20 分)</td><td>看问题是否能独立思考、提出独到见解，是否能够运用创新思维解决遇到的问题</td><td></td><td></td><td></td><td></td><td></td><td></td></tr>
<tr><td colspan="2">最终小组成员得分</td><td colspan="6"></td></tr>
</table>

课后反思

学习情境 1	建筑给排水系统计量与计价	任务 1	建筑给水系统工程量计算与清单计价
班　　级		第____组	成员姓名
情感反思	通过对本任务的学习和实践,你认为自己在社会主义核心价值观、职业素养、学习和工作态度等方面有哪些需要提高的部分?		
知识反思	通过对本任务的学习,你掌握了哪些知识点?请画出思维导图。		
技能反思	在完成本任务的学习和实训过程中,你主要掌握了哪些技能?		
方法反思	在完成本任务的学习和实践过程中,你主要掌握了哪些分析和解决问题的方法?		

任务 2　建筑排水系统工程量计算与清单计价

任 务 单

<table>
<tr><td>学习情境 1</td><td colspan="3">建筑给排水系统计量与计价</td><td>任务 2</td><td colspan="2">建筑排水系统工程量计算与清单计价</td></tr>
<tr><td>任务学时</td><td colspan="6">4 学时</td></tr>
<tr><td colspan="7">布置任务</td></tr>
<tr><td>任务目标</td><td colspan="6">1. 能够熟练识读建筑排水工程施工平面图、排水系统图、卫生间大样图；
2. 能正确查阅工程量计算规范，选择正确的工程量计算规则；
3. 能正确计算排水管道、卫生器具等工程量；
4. 能熟练进行排水管道、卫生器具等分部分项工程清单组价；
5. 能够在完成任务过程中锻炼职业素养，做到诚实守信、吃苦耐劳、勇于承担，有团队意识，诚实守信、不瞒骗</td></tr>
<tr><td>任务描述</td><td colspan="6">文本
建筑排水系统工程量计算与清单计价施工图
根据招标文件、施工图纸等资料，查阅工程量计算规范，正确选择工程量计算规则，计算并复核某小区住宅项目 15＃楼排水系统工程量，包括首层、2～7 层、8～33 层的排水管道、管道部件、阀门等的工程量；根据企业定额、计价规范等相关资料进行分部分项工程清单组价</td></tr>
<tr><td rowspan="2">学时安排</td><td>资讯</td><td>计划</td><td>决策</td><td>实施</td><td>检查</td><td>评价</td></tr>
<tr><td>0. 5 学时</td><td>0. 5 学时</td><td>1 学时</td><td>1 学时</td><td>0. 5 学时</td><td>0. 5 学时</td></tr>
<tr><td>对学生学习及成果的要求</td><td colspan="6">1. 每名同学均能按照资讯思维导图自主学习；
2. 严格遵守课堂纪律，不迟到、不早退，学习态度认真、端正；
3. 能够熟练识读给排水工程施工图；具备一定的实践动手能力、自学能力、数据计算能力及计算机操作能力；
4. 小组讨论建筑排水系统工程量计算的方案，能够确定建筑排水系统工程量的计算规则，掌握建筑排水系统工程量计算及清单组价方法，能够正确计算建筑排水系统的工程量，正确计算建筑排水系统的清单组价；
5. 积极参与小组工作任务讨论，协作完成课堂任务，具备一定的团队沟通协调能力、语言表达能力和团队意识；
6. 讲解工程量计算及清单组价过程，接受教师与学生的点评，积极参与小组自评与互评</td></tr>
</table>

思维导图

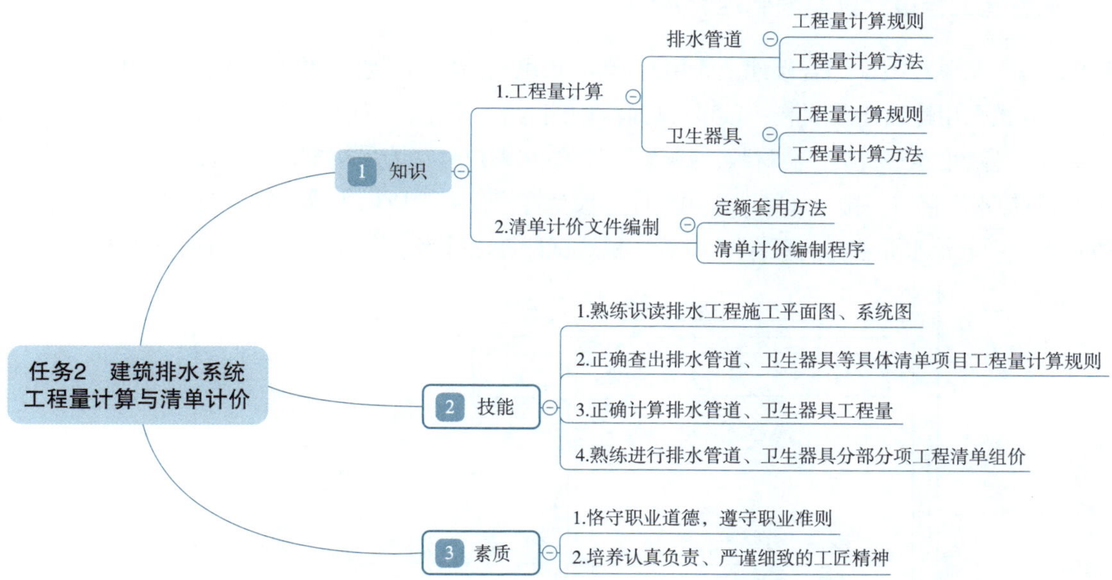

课前自学

【建筑排水系统分部分项清单项目】

《通用安装工程工程量计算规范》(GB 50856—2013)附录J给排水工程中,设置了5个小节67个清单项目,建筑排水系统主要包括给排水管道、卫生器具两个小节。

1. 给排水管道

本节设置了11个清单项目:镀锌钢管,钢管,不锈钢管,铜管,铸铁管,塑料管,复合管,直埋式预制保温管,承插缸瓦管,承插水泥管,室外管道碰头。

2. 卫生器具

本节设置了19个清单项目:浴缸,净身盆,洗脸盆,洗涤盆,化验盆,大便器,小便器,其他成品卫生器具,烘手器,淋浴器,淋浴间,桑拿浴房,大、小便槽自动冲洗水箱制作安装,给、排水附件,小便槽冲洗管制作安装,蒸汽-水加热器制作安装,冷热水混合器制作安装,饮水器,隔油器。

知识模块1　排水管道工程量计算与清单计价

一、排水管道工程量计算规则

给排水、采暖、燃气管道工程量清单项目设置、项目特征描述的内容、计量单位及工程量计算规则,按任务1中表1-1-1的规定执行,此处不再赘述。

二、相关问题及说明

(1)排水管道室内外界限划分:应以出户第一个排水检查井为界。室外排水管道与市政排水界限应以与市政管道碰头井为界。

(2)凡涉及管沟及井类的土石方开挖、垫层、基础、砌筑、抹灰、井盖板预制安装、回填、运输,路面开挖及修复、管道支墩等,应按《房屋建筑与装饰工程工程量计算规范》《市政工程工程量计算规范》相关项目编码列项。

(3)凡涉及管道、设备及支架除锈、刷油、保温的工作内容除，注明者外，均应按《通用安装工程工程量计算规范》(GB 50856—2013)附录 L 刷油、防腐蚀、绝热工程相关项目编码列项。

三、排水管道工程量计算及清单组价实例

【例 1-2-1】 某学校教学综合楼地上 5 层，生活给水由校内生活给水管网直接供给，室内给水管材采用镀锌钢管，连接方式采用螺纹连接明装，管道外刷面漆两遍，给水管道穿越门洞的横管需作保温、防结露处理，保温材料为 20 mm 厚、难燃塑料类保温材料，外缠生料带，给水入户管穿墙采用柔性防水套管。室内排水管道采用承插铸铁管，石棉水泥接口。排出管穿墙采用柔性防水套管，图 1-2-1 所示为排水管道平面布置图，图 1-2-2 所示为排水管道系统图。给水立管为两根，排水立管一根。试计算该排水系统的工程量并根据企业定额进行组价。

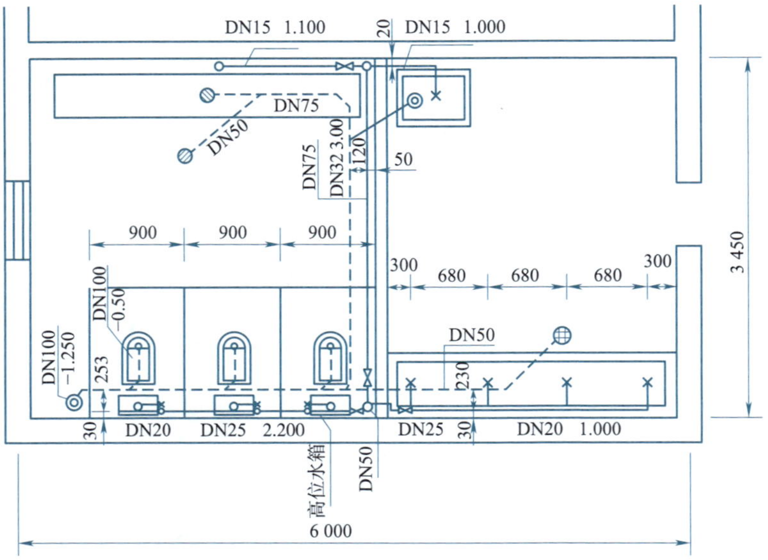

图 1-2-1　男卫生间排水管道平面布置图

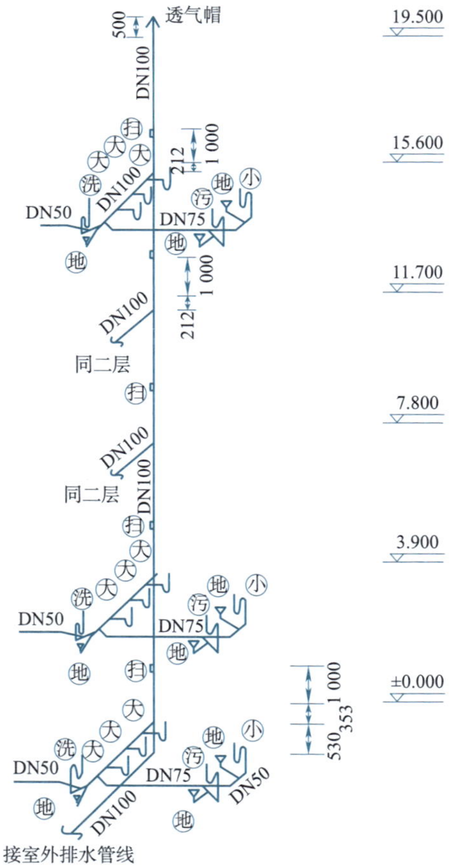

图 1-2-2　男卫生间排水管道系统图

1)计算工程量

表 1-2-1 所示为排水管道工程量分析计算,表 1-2-2 所示为工程量计算表。

表 1-2-1　排水管道工程量分析计算

序号	名　称	计量单位	部位	计算式	工程量	图　例
1	排水用铸铁管 DN100	m	室内	埋地:1.5 +0.53 +0.353 明装立管:19.5 +0.5 明装水平管:5 ×(0.9 −0.12 +0.9 ×2 +0.3) 连接大便器:0.5 ×3 ×5	44.28	
2	排水用铸铁管 DN75	m	室内	2.647 ×5	13.24	
3	排水用铸铁管 DN50	m	室内	连接洗手池:(0.12 +0.24 +0.3 +0.68 +0.68) ×5 连接污水池:(0.8 +0.5) ×5 连接小便槽与地漏:(0.5 +1.5) ×5	26.6	

表 1-2-2　工程量计算表

序号	项目编码	项目名称	项目特征描述	单位	工程量	备　注
1	031001005001	铸铁管	DN100,承插连接,石棉水泥抹口	m	44.28	
2	031001005002	铸铁管	DN75,承插连接,石棉水泥抹口	m	13.24	
3	031001005003	铸铁管	DN50,承插连接,石棉水泥抹口	m	26.6	

2)分部分项工程清单组价

(1)每米排水管道(DN100 铸铁管)制作安装费用的企业定额分析:

人工费:32.8 元。

材料费:92.52 元(其中 DN100 铸铁管的主材费用:58.65 元)。

机械费:8.06 元。

企业管理费:4.59 元。

利润:7.22 元。

综合单价:32.8 +92.52 +8.06 +4.59 +7.22 =145.19(元/m)。

(2)每米排水管道(DN75 铸铁管)制作安装费用的企业定额分析:

人工费:25.42 元。

材料费:62.9 元(其中 DN75 铸铁管的主材费用:57.4 元)。

机械费:1.36 元。

企业管理费:3.56 元。

利润:5.59 元。

综合单价:25.42 +62.9 +1.36 +3.56 +5.59 =98.83(元/m)。

(3)每米排水管道(DN50 铸铁管)制作安装费用的企业定额分析:

人工费:21.23 元。

材料费:43.56 元(其中 DN50 铸铁管的主材费用:40.33 元)。

机械费:0.63 元。

企业管理费:2.97 元。

利润:4.67 元。

综合单价:21.23 +43.56 +0.63 +2.97 +4.67 =73.06(元/m)。

表 1-2-3 所示为分部分项工程清单计价表。

表 1-2-3　分部分项工程清单计价表

序号	项目编码	项目名称	项目特征描述	工程量（m）	综合单价（元/m）	综合合价（元）
1	031001005001	铸铁管	DN100，承插连接，石棉水泥抹口	44.28	145.19	6 429.01
2	031001005002	铸铁管	DN75，承插连接，石棉水泥抹口	13.24	98.83	1 308.51
3	031001005003	铸铁管	DN50，承插连接，石棉水泥抹口	26.6	73.06	1 943.40

想一想

排水管道室内外界限如何划分？

知识模块 2　卫生器具工程量计算与清单计价

一、卫生器具工程量计算规则

支架及其他工程量清单项目设置、项目特征描述的内容、计量单位及工程量计算规则，应按表 1-2-4 的规定执行。

表 1-2-4　卫生器具（编码：031004）

<table>
<tr><th>项目编码</th><th>项目名称</th><th>项目特征</th><th>计量单位</th><th>工程量计算规则</th><th>工作内容</th></tr>
<tr><td>031004001</td><td>浴缸</td><td rowspan="8">1. 材质
2. 规格、类型
3. 组装形式
4. 附件名称、数量</td><td rowspan="8">组</td><td rowspan="14">按设计图示数量计算</td><td rowspan="8">1. 器具安装
2. 附件安装</td></tr>
<tr><td>031004002</td><td>净身盆</td></tr>
<tr><td>031004003</td><td>洗脸盆</td></tr>
<tr><td>031004004</td><td>洗涤盆</td></tr>
<tr><td>031004005</td><td>化验盆</td></tr>
<tr><td>031004006</td><td>大便器</td></tr>
<tr><td>031004007</td><td>小便器</td></tr>
<tr><td>031004008</td><td>其他成品卫生器具</td></tr>
<tr><td>031004009</td><td>烘手器</td><td>1. 材质
2. 型号、规格</td><td>个</td><td>安装</td></tr>
<tr><td>031004010</td><td>淋浴器</td><td rowspan="3">1. 材质、规格
2. 组装形式
3. 附件名称、数量</td><td rowspan="3">套</td><td rowspan="3">1. 器具安装
2. 附件安装</td></tr>
<tr><td>031004011</td><td>淋浴间</td></tr>
<tr><td>031004012</td><td>桑拿浴房</td></tr>
<tr><td>031004013</td><td>大、小便槽自动冲洗水箱制作安装</td><td>1. 材质、类型
2. 规格
3. 水箱配件
4. 支架形式及做法
5. 器具及支架除锈、刷油设计要求</td><td>套</td><td>1. 制作
2. 安装
3. 支架制作、安装
4. 除锈、刷油</td></tr>
<tr><td>031004014</td><td>给、排水附件</td><td>1. 材质
2. 型号、规格
3. 安装方式</td><td>个
（组）</td><td>安装</td></tr>
<tr><td>031004015</td><td>小便槽冲洗管制作安装</td><td>1. 材质
2. 规格</td><td>m</td><td>按设计图示长度计算</td><td>1. 制作
2. 安装</td></tr>
<tr><td>031004016</td><td>蒸汽-水加热器制作安装</td><td>1. 类型
2. 型号、规格
3. 安装方式</td><td>套</td><td>按设计图示数量计算</td><td>1. 制作
2. 安装</td></tr>
</table>

续表

项目编码	项目名称	项目特征	计量单位	工程量计算规则	工作内容
031004017	冷热水混合器制作安装	1. 类型 2. 型号、规格 3. 安装方式	套	按设计图示数量计算	1. 制作 2. 安装
031004018	饮水器				
031004019	隔油器	1. 类型 2. 型号、规格 3. 安装部位			

注：

①成品卫生器具项目中的附件安装，主要指给水附件包括水嘴、阀门、喷头等，排水配件包括存水弯、排水栓、下水口等，以及配备的连接管。

②浴缸支座和浴缸周边的砌砖、瓷砖粘贴，应按《房屋建筑与装饰工程工程量计算规范》相关项目编码列项；功能性浴缸不含电机接线和调试，应按《通用安装工程工程量计算规范》(GB 50856—2013)附录 D 电气设备安装工程相关项目编码列项。

③洗脸盆适用于洗脸盆、洗发盆、洗手盆安装。

④器具安装中若采用混凝土或砖基础，应按《房屋建筑与装饰工程工程量计算规范》相关项目编码列项。

二、卫生器具工程量计算及清单组价实例

【例 1-2-2】　试计算【例 1-2-1】中卫生器具的工程量，并根据企业定额进行清单组价。

1)计算卫生器具工程量

表 1-2-5 所示为卫生器具工程量分析计算，表 1-2-6 所示为工程量计算表。

表 1-2-5　卫生器具工程量分析计算

序号	名　称	计量单位	部位	计　算	工程量	图　例
1	大便器	个	卫生间	3 × 5	15	
2	地漏	个	地面	3 × 5	15	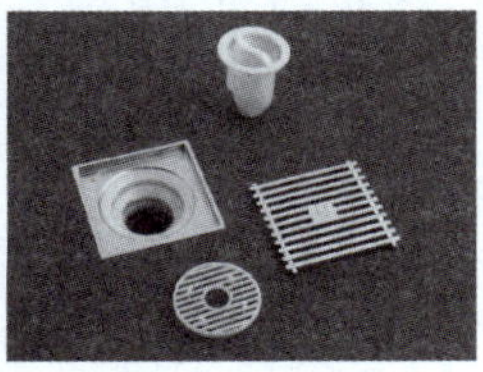
3	地面扫除口	个	地面	1 × 5	5	
4	通气帽	个	屋面	1	1	

续表

序号	名　称	计量单位	部位	计　算	工程量	图　例
5	拖布池	个	室内	1	1	

表 1-2-6　工程量计算表

序号	项目编码	项目名称	项目特征描述	单位	工程量	备　注
1	031004006001	大便器	高位水箱，蹲式	组	15	
2	031004014001	给、排水附件	地漏，DN50	个	15	
3	031004014002	给、排水附件	地面扫除口，DN100	个	5	
4	031004014003	给、排水附件	通气帽，DN100	个	1	
5	031004014004	给、排水附件	成品陶瓷拖布池	个	1	

2）分部分项工程清单组价

(1)每套蹲式大便器安装费用的企业定额分析：

人工费：78.53 元。

材料费：605.1 元（其中蹲式大便器的主材费用：491.73 元）。

机械费：0 元。

企业管理费：10.99 元。

利润：17.28 元。

综合单价：78.53 + 605.1 + 10.99 + 17.28 = 711.9（元/组）。

(2)每个地漏（DN50）安装费用的企业定额分析：

人工费：15.8 元。

材料费：25.71 元（其中 DN50 地漏的主材费用：23.39 元）。

机械费：0 元。

企业管理费：2.21 元。

利润：3.48 元。

综合单价：15.8 + 25.71 + 2.21 + 3.48 = 47.2（元/个）。

(3)每个地面扫除口（DN100）安装费用的企业定额分析：

人工费：9.58 元。

材料费：42.14 元（其中 DN100 的地面扫除口主材费用：42.01 元）。

机械费：0.8 元。

企业管理费：1.34 元。

利润：2.11 元。

综合单价：9.58 + 42.14 + 0.8 + 1.34 + 2.11 = 55.17（元/个）。

(4)每个通帽孔的（DN100）安装费用的企业定额分析：

人工费：108.52 元。

材料费：98 元（其中 DN100 通气帽的主材费用：15.8 元）。

机械费：80.48 元。

企业管理费：15.19 元。

利润:23.87 元。

综合单价:108.52 +98 +80.48 +15.19 +23.87 =326.06(元/个)。

(5)每个拖布池安装费用的企业定额分析:

人工费:32.13 元。

材料费:290.66 元(其中拖布池的主材费用:218.98 元)。

机械费:0 元。

企业管理费:4.5 元。

利润:7.07 元。

综合单价:32.13 +290.66 +4.5 +7.07 =334.36(元/个)。

表 1-2-7 所示为分部分项工程清单计价表。

表 1-2-7　分部分项工程清单计价表

序号	项目编码	项目名称	项目特征描述	工程量	综合单价	综合合价
1	031004006001	大便器	高位水箱,蹲式	15 组	711.9 元/组	10 678.50 元
2	031004014001	给、排水附件	地漏,DN50	15 个	47.2 元/个	708.00 元
3	031004014002	给、排水附件	地面扫除口,DN100	5 个	55.17 元/个	275.85 元
4	031004014003	给、排水附件	通气帽,DN100	1 个	326.06 元/个	326.06 元
5	031004014004	给、排水附件	成品陶瓷拖布池	1 个	334.36 元/个	334.36 元

思一思

排水附件包括哪些?清单计量单位何时采用“个”,何时采用“组”?

任务实施

根据某企业工程投标需求,依据排水工程系统图、平面图等图纸、相关规范、企业定额等资料,计算排水系统工程量并进行分部分项工程清单组价,其工作程序基本包括如下步骤:

一、熟悉图纸

小组成员在充分了解设计说明的基础上,结合系统图、平面图熟练识读给排水工程施工图,认真区分管径规格、型号、与其他管道的连接方式,以及立管变径长度及变径点、卫生器具的类型,在此基础上计算工程量。

二、选择工程量计算规则,计算工程量

根据《通用安装工程工程量计算规范》(GB 50856—2013)区分项目类别,针对排水管道、卫生器具等具体项目,根据项目特征,选择工程量计算规则,按照工程量计算规则进行工程量计算。

三、复核工程量

每个小组将工程量计算完成后,由小组其他人员进行校核,并与招标单位给定的工程量清单进行复核;小组复核完成后,其他小组对另外五个小组分别复核。

四、确定取费费率

根据黑龙江省住房和城乡建设厅各年度下发建筑安装工程结算参照标准及企业定额确定相应费率。

五、确定分部分项工程综合单价

根据企业定额确定消耗量指标和生产要素单价,确定完成各清单项目实际应发生的工程内容,计算工程内容的工程数量与清单单位的含量:

清单单位含量 =(某工程内容的定额工程量)/清单工程量

计算分部分项工程人工、材料、施工机具使用费,计算企业管理费和利润,汇总计算出分部分项工程综合单价。

笔记栏

【编制建筑排水系统工程量计算及清单计价工作单】

计 划 单

学习情境 1	建筑给排水系统计量与计价		任务 2	建筑排水系统工程量计算与清单计价
工作方式	组内讨论、团结协作,共同制订计划:小组成员进行工作讨论,确定工作步骤		计划学时	0.5 学时
完成人	1. ______ 2. ______ 3. ______ 4. ______ 5. ______ 6. ______			
计划依据:1. 老师给定的工程相关图纸; 2. 工程相关规范; 3. 企业定额				
序号	计划步骤	具体工作内容描述		
1	准备工作 (整理建设工程基本信息,谁去做?)			
2	组织分工 (成立组织,人员具体都完成什么?)			
3	制订两套工程量计算和组价方案 (各有何特点?)			
4	计算工程量 (分析工程量计算过程,谁负责?)			
5	汇总工程量 (汇总什么,如何汇总利于组价?)			
6	分部分项工程清单组价 (谁负责?组成要素是什么?)			
制订计划说明	(写出制订计划中人员为完成任务的主要建议或可以借鉴的建议、需要解释的某一方面)			

决 策 单

<table>
<tr><td>学习情境 1</td><td colspan="2">建筑给排水系统计量与计价</td><td>任务 2</td><td colspan="2">建筑排水系统工程量计算与清单计价</td></tr>
<tr><td colspan="3">决策学时</td><td colspan="3">1 学时</td></tr>
<tr><td colspan="6">决策目的：确定本小组认为最优的工程量计算及清单组价方案</td></tr>
<tr><td rowspan="7">方案
优劣比对</td><td rowspan="2">比对项目</td><td colspan="3">工作方案特点</td><td rowspan="2">确定最优方案
（画√）</td></tr>
<tr><td>方案名称 1：</td><td colspan="2">方案名称 2：</td></tr>
<tr><td>计算规则选取是否准确</td><td></td><td colspan="2"></td><td rowspan="5">方案 1 优□</td></tr>
<tr><td>计算分析过程是否精确</td><td></td><td colspan="2"></td></tr>
<tr><td>计算公式准确性</td><td></td><td colspan="2"></td></tr>
<tr><td>组价要素是否全面</td><td></td><td colspan="2"></td></tr>
<tr><td>计算结果正确性</td><td></td><td colspan="2"></td></tr>
<tr><td colspan="2">方案 1 简介：</td><td colspan="3">方案 2 简介：</td><td>方案 2 优□</td></tr>
</table>

作 业 单

学习情境 1	建筑给排水系统计量与计价	任务 2	建筑排水系统工程量计算与清单计价
参加人员	第____组		开始时间：
	签名：		结束时间：
序号	工作内容记录 （根据实施的具体工作记录，包括存在的问题及解决方法）		分工 （负责人）
小结	主要描述完成的成果及是否达到目标		存在的问题

检查单

学习情境1	建筑给排水系统计量与计价		任务2	建筑排水系统工程量计算与清单计价			
检查学时		0.5学时		第____组			
检查目的及方式		教学过程监控小组的工作情况，如检查等级为不合格小组需要整改，并拿出整改说明					
序号	检查项目	检查标准	检查结果分级（在检查相应的分级框内画“√”）				
			优秀	良好	中等	合格	不合格
1	准备工作	建设工程基本信息、相关依据材料是否准备完整，学习资源是否查到					
2	分工情况	安排是否合理、全面，分工是否明确					
3	工作态度	小组工作是否积极主动、全员参与					
4	纪律出勤	是否按时完成负责的工作内容，是否遵守工作纪律					
5	团队合作	是否相互协作、互相帮助，成员是否听从指挥					
6	创新意识	任务完成不照搬照抄，看问题具有独到见解、创新思维					
7	完成效率	工作单是否记录完整，是否按照计划完成任务					
8	完成质量	工作单填写是否准确					
检查评语						教师签字：	

任务评价

小组工作评价单

<table>
<tr><td>学习情境1</td><td colspan="2">建筑给排水系统计量与计价</td><td>任务2</td><td colspan="2">建筑排水系统工程量计算与清单计价</td></tr>
<tr><td>评价学时</td><td colspan="5">0.5 学时</td></tr>
<tr><td>评价类别</td><td>项目</td><td>子项目</td><td>个人评价</td><td>组内互评</td><td>教师评价</td></tr>
<tr><td rowspan="8">专业能力</td><td rowspan="2">准备工作
(10%)</td><td>准备工作完整性(5%)</td><td></td><td></td><td></td></tr>
<tr><td>工作步骤内容描述(5%)</td><td></td><td></td><td></td></tr>
<tr><td rowspan="2">计算过程
(20%)</td><td>计算方法的正确性(10%)</td><td rowspan="2"></td><td rowspan="2"></td><td rowspan="2"></td></tr>
<tr><td>计算过程的完整性(10%)</td></tr>
<tr><td rowspan="2">计算结果
(10%)</td><td>工程量计算结果的正确性(5%)</td><td rowspan="2"></td><td rowspan="2"></td><td rowspan="2"></td></tr>
<tr><td>清单组价结果的正确性(5%)</td></tr>
<tr><td>安全文明
(10%)</td><td>工作过程遵守相关要求及注意事项</td><td></td><td></td><td></td></tr>
<tr><td>完成时间
(10%)</td><td>在要求时间内完成相关任务，每超 5 min 扣 2 分</td><td></td><td></td><td></td></tr>
<tr><td rowspan="2">社会能力</td><td>团结协作
(10%)</td><td></td><td></td><td></td><td></td></tr>
<tr><td>敬业精神
(10%)</td><td></td><td></td><td></td><td></td></tr>
<tr><td rowspan="2">方法能力</td><td>计划能力
(10%)</td><td></td><td></td><td></td><td></td></tr>
<tr><td>决策能力
(10%)</td><td></td><td></td><td></td><td></td></tr>
<tr><td rowspan="2">评价评语</td><td>班　级</td><td>姓　名</td><td></td><td>学号</td><td>总评</td></tr>
<tr><td>教师签字</td><td>第　组</td><td>组长签字</td><td></td><td>日期</td></tr>
</table>

小组成员素质评价单

学习情境 1	建筑给排水系统计量与计价		任务 2	建筑排水系统工程量计算与清单计价		
班　级		第____组		成员姓名		
评分说明	每个小组成员评价分为自评和小组其他成员评价两部分，取平均值计算，作为该小组成员的任务评价个人分数。评价项目共设计 5 个，依据评分标准给予合理量化打分。小组成员自评分后，要找小组其他成员以不记名方式打分					

评分项目	评分标准	自评（100 分）	成员 1（100 分）	成员 2（100 分）	成员 3（100 分）	成员 4（100 分）	成员 5（100 分）
核心价值观（20 分）	是否践行社会主义核心价值观						
工作态度（20 分）	是否按时完成负责的工作内容、遵守纪律，是否积极主动参与小组工作且全过程参与，是否吃苦耐劳、具有工匠精神						
交流沟通（20 分）	是否能良好地表达自己的观点，是否能倾听他人的观点						
团队合作（20 分）	是否与小组成员合作完成任务，做到相互协作、互相帮助、听从指挥						
创新意识（20 分）	看问题是否能独立思考、提出独到见解，是否能够运用创新思维解决遇到的问题						
最终小组成员得分							

课后反思

<table>
<tr><td>学习情境1</td><td colspan="2">建筑给排水系统计量与计价</td><td>任务2</td><td colspan="2">建筑排水系统工程量计算与清单计价</td></tr>
<tr><td>班　　级</td><td></td><td>第____组</td><td>成员姓名</td><td colspan="2"></td></tr>
<tr><td>情感反思</td><td colspan="5">通过对本任务的学习和实践，你认为自己在社会主义核心价值观、职业素养、学习和工作态度等方面有哪些需要提高的部分？</td></tr>
<tr><td>知识反思</td><td colspan="5">通过对本任务的学习，你掌握了哪些知识点？请画出思维导图。</td></tr>
<tr><td>技能反思</td><td colspan="5">在完成本任务的学习和实训过程中，你主要掌握了哪些技能？</td></tr>
<tr><td>方法反思</td><td colspan="5">在完成本任务的学习和实践过程中，你主要掌握了哪些分析和解决问题的方法？</td></tr>
</table>

学习情境2 建筑通风与空调工程计量与计价

学习指南

情境导入

某建筑工程施工企业拟参加大隐项目1#楼建筑通风与空调工程投标，建设单位委托某咨询公司为其编制招标文件，本工程层数为地上3层，地下1层，其中地上1~3层为商业建筑，类型为多层公共建筑，建筑面积为6 276.5 m^2，建筑高度为12.6 m。要求施工企业按照招标文件、施工图纸、《通用安装工程工程量计算规范》(GB 50586—2013)、《建设工程工程量清单计价规范》(GB 50500—2013)、企业定额等相关资料编制该工程投标文件。通过本学习情境的学习，能够独立计算通风管道、管道部件、通风空调设备及部件制作安装工程量，进行分部分项工程清单组价，进而编制工程投标文件，从而胜任安装工程造价工程师岗位工作。

学习目标

1. 知识目标

(1)能够阐述通风与空调工程工程量计算的主要内容。

(2)能够阐述通风与空调工程工程量计算规则。

(3)能够阐述通风与空调工程工程量计算方法。

(4)能分析出通风与空调工程分部分项工程清单组价的影响因素。

(5)能够阐述通风与空调工程的综合单价组价方法和费用构成。

2. 能力目标

(1)能熟练识读通风与空调安装工程施工图。

(2)根据《通用安装工程工程量计算规范》(GB 50856—2013)完成通风与空调工程工程量计算。

(3)根据《建设工程工程量清单计价规范》(GB 50500—2013)及企业定额等计价依据完成通风与空调工程清单组价。

3. 素质目标

(1)遵守职业道德准则和行业规范标准。

(2)具备勤于思考、善于分析并解决问题的职业能力。

工作任务

1. 通风管道及部件工程量计算及清单计价　　参考学时：4学时

2. 通风空调设备安装工程量计算及清单计价　　参考学时：4学时

任务1 通风管道及部件工程量计算与清单计价

任 务 单

<table>
<tr><td>学习情境2</td><td colspan="3">建筑通风与空调工程计量与计价</td><td>任务1</td><td colspan="2">通风管道及部件工程量计算与清单计价</td></tr>
<tr><td>任务学时</td><td colspan="6">4 学时</td></tr>
<tr><td colspan="7">布置任务</td></tr>
<tr><td>任务目标</td><td colspan="6">1. 能够熟练识读建筑通风与空调工程防排烟平面图、系统原理图；
2. 能正确查阅《通用安装工程工程量计算规范》(GB 50856—2013)，选择正确的工程量计算规则；
3. 能正确计算通风管道及部件工程量；
4. 能熟练进行通风管道及部件等分部分项工程清单组价；
5. 能够在完成任务过程中锻炼职业素养，做到严谨认真、吃苦耐劳、诚实守信，恪守职业道德，遵守行业规范</td></tr>
<tr><td>任务描述</td><td colspan="6">根据招标文件、施工图纸等资料，查阅工程量计算规范，正确选择工程量计算规则，计算并核对大隐项目1#楼通风管道及部件工程量，包括：地上1层、地上2层的通风管道、管道部件等的工程量，并详细分析工程量计算过程；根据企业定额、计价规范等资料，进行分部分项工程清单组价
文本
通风管道及部件工程量计算及清单计价施工图</td></tr>
<tr><td rowspan="2">学时安排</td><td>资讯</td><td>计划</td><td>决策</td><td>实施</td><td>检查</td><td>评价</td></tr>
<tr><td>0.5 学时</td><td>0.5 学时</td><td>1 学时</td><td>1 学时</td><td>0.5 学时</td><td>0.5 学时</td></tr>
<tr><td>对学生学习及成果的要求</td><td colspan="6">1. 每名同学均能按照资讯思维导图自主学习；
2. 严格遵守课堂纪律，不迟到、不早退，学习态度认真、端正；
3. 能够熟练识读通风空调工程施工图；具备一定的实践动手能力、自学能力、数据计算能力及计算机操作能力；
4. 小组讨论通风管道及管道部件工程量计算的方案，能够确定通风管道及管道部件工程量的计算规则，掌握工程量计算及清单组价方法，能够正确计算工程量并进行清单组价；
5. 积极参与小组工作任务讨论，协作完成课堂任务，具备一定的团队沟通协调能力、语言表达能力和团队意识；
6. 讲解工程量计算及清单组价过程，接受教师与学生的点评，同时参与小组自评与互评</td></tr>
</table>

思维导图

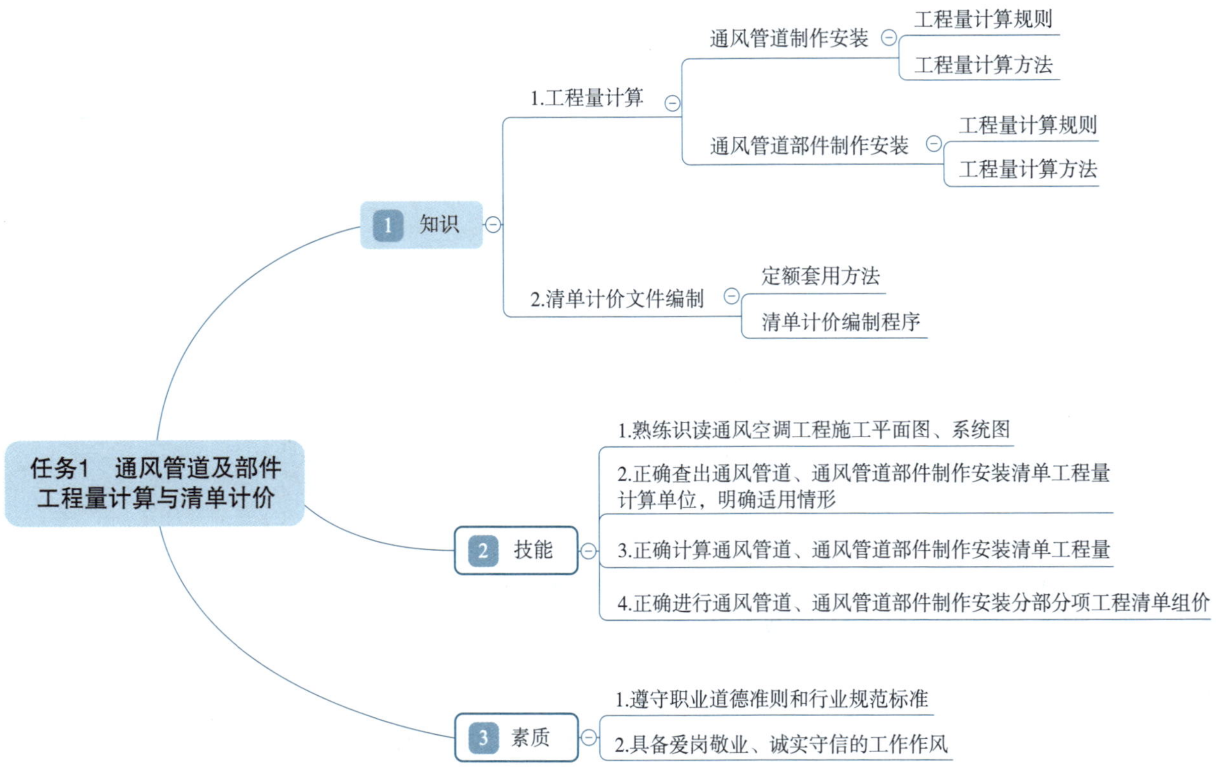

课前自学

【通风管道及部件分部分项清单项目】

《通用安装工程工程量计算规范》(GB 50856—2013)附录G通风空调工程中,设置了4个小节47个清单项目,通风工程包括通风管道制作安装,通风管道部件制作安装,通风工程检测、调试,共三个小节。本任务主要完成通风管道及部件制作与安装工程量的计算。

1. 通风管道制作安装

本节设置了11个清单项目:碳钢通风管道,净化通风管,不锈钢板通风管道,铝板通风管道,塑料通风管道,玻璃钢通风管道,复合型风管,柔性软风管,弯头导流叶片,风管检查孔,温度、风量测定孔。

2. 通风管道部件制作安装

本节设置了21个清单项目:碳钢阀门,柔性软风管阀门,铝蝶阀,不锈钢蝶阀,塑料阀门,玻璃钢蝶阀,碳钢风口、散流器、百叶窗,不锈钢风口、散流器、百叶窗,塑料风口、散流器、百叶窗,玻璃钢风口,铝及铝合金风口、散流器,碳钢风帽,不锈钢风帽,塑料风帽,铝板伞形风帽,玻璃钢风帽,碳钢罩类,塑料罩类,柔性接口,消声器,静压箱。

知识模块1　通风管道制作安装工程量计算与清单计价

一、通风管道制作安装工程量计算规则

通风管道制作安装工程量清单项目设置、项目特征描述的内容、计量单位及工程量计算规则,应按表2-1-1的规定执行。

表 2-1-1　通风管道制作安装（编码:030702）

项目编码	项目名称	项目特征	计量单位	工程量计算规则	工作内容
030702001	碳钢通风管道	1. 名称 2. 材质 3. 形状 4. 规格 5. 板材厚度 6. 管件、法兰等附件及支架设计要求 7. 接口形式	m²	按设计图示尺寸以展开面积计算	1. 风管、管件、法兰、零件、支吊架制作、安装 2. 过跨风管落地支架制作、安装
030702002	净化通风管				
030702003	不锈钢板通风管道	1. 名称 2. 形状 3. 规格 4. 板材厚度 5. 管件、法兰等附件及支架设计要求 6. 接口形式			
030702004	铝板通风管道				
030702005	塑料通风管道				
030702006	玻璃钢通风管道	1. 名称 2. 形状 3. 规格 4. 板材厚度 5. 支架形式、材质 6. 接口形式		按图示外径尺寸以展开面积计算	1. 风管、管件安装 2. 支吊架制作、安装 3. 过跨风管落地支架制作、安装
030702007	复合型风管	1. 名称 2. 材质 3. 形状 4. 规格 5. 板材厚度 6. 接口形式 7. 支架形式、材质			
030702008	柔性软风管	1. 名称 2. 材质 3. 规格 4. 风管接头、支架形式、材质	m	按设计图示中心线以长度计算	1. 风管安装 2. 风管接头安装 3. 支吊架制作、安装
030702009	弯头导流叶片	1. 名称 2. 材质 3. 规格 4. 形式	1. m² 2. 组	1. 按设计图示以展开面积计算 2. 按设计图示以组计算	1. 制作 2. 组装
030702010	风管检查孔	1. 名称 2. 材质 3. 规格	1. kg 2. 个	1. 按风管检查孔质量以千克计算 2. 按设计图示数量以个计算	1. 制作 2. 安装
030702011	温度、风量测定孔	1. 名称 2. 材质 3. 规格 4. 设计要求	个	按设计图示数量以个计算	1. 制作 2. 安装

注：

①风管展开面积，不扣除检查孔、测定孔、送风口、吸风口等所占面积；风管长度一律以设计图示中心线长度为准（主管与支管以其中心线交点划分），包括弯头、三通、变径管、天圆地方等管件的长度，但不包括部件所占的长度。风管展开面积不包括风管、管口重叠部分面积。风管渐缩管：圆形风管按平均直径，矩形风管按平均周长。

②穿墙套管按展开面积计算，计入通风管道工程量中。

③通风管道的法兰垫料或封口材料，按图纸要求应在项目特征中描述。

④净化通风管的空气清洁度按100000级标准编制，净化通风管使用的型钢材料如要求镀锌时，工作内容应注明支架镀锌。

⑤弯头导流叶片数量，按设计图纸或规范要求计算。

⑥风管检查孔、温度测定孔、风量测定孔数量，按设计图纸或规范要求计算。

二、通风管道工程量计算注意事项

(1)整个通风系统设计采用渐缩管均匀送风者,圆形风管按平均直径计算,矩形风管按平均周长计算,执行相应项目,其人工乘以系数2.5。

(2)薄钢板风管制作安装项目中,包括弯头、三通、变径管、天圆地方等管件及法兰、加固框和吊托支架的制作用工,但不包括跨越风管落地支架,落地支架执行设备支架项目。

(3)柔性软风管安装,按图示管道中心线长度以“米”为计算单位,柔性软风管阀门安装以“个”为计量单位。

(4)净化风管、玻璃钢风管、复合型风管制作安装同第(2)条。

(5)不锈钢风管、铝板风管制作安装项目中包括管件,但不包括法兰和吊托支架。法兰和吊托支架应单独列项,以“千克”为计算单位。

(6)塑料风管制作安装项目中,包括管件、法兰、加固框,但不包括吊托支架。吊托支架应单独列项,以“千克”为计算单位。

三、通风管道工程量计算及清单组价实例

【例2-1-1】 工程概况:3#厂房为某机器制造厂新建现浇4层框架结构,开间6.0 m,层高5.2 m。通风空调工程在3#厂房底层⑧~⑫轴线之间,风管安装在3.5 m高的吊顶内。产品生产工艺要求此厂房内有一定温度、湿度和洁净度的空气。通风空调系统由新风口吸入新鲜空气,经新风管进入ZK-1叠式金属空气调节器内,将空气处理后,经由镀锌钢板($\delta=2$ mm)制作的5支风管,用方形直流片式散流器向房间均匀送风。风管用铝箔玻璃棉毡绝热,厚度$\delta=100$ mm。风管用吊架吊在房间顶板上(顶板底高5.0 m),并安装在房间吊顶内(吊顶高3.5 m)。

叠式金属空气调节器分6个段室:风机段、喷淋段、过滤段、加热段、空气冷处理段和中间段等,其外形尺寸为3 342 mm×1 620 mm ×2 109 mm,共1 200 kg。其供风量为8 000~12 000 m^3/h。

由FJZ-30型制冷机组、冷水箱、泵(两台)与DN100及DN70的冷水管、回水管相连,组成供应冷冻水系统。由DN32和DN25蒸汽动力管与凝结水管相连,组成供热系统。由配管、配线、配电箱柜组成控制系统。

本工程只发包镀锌钢板通风管道的制作安装、通风管道的附件和阀件的制作安装、管道铝箔玻璃棉毡绝热、叠式金属空气调节器安装。叠式金属空气调节器设备由发包方采购,并运送至承包方安装现场内或承包方指定点。通风管道主材、管道部件由承包方采购。图2-1-1所示为通风工程平面及剖面图;图2-1-2所示为通风工程系统图;图2-1-3所示为空调机房平面及剖面图。试计算该系统风管及部件工程量,并根据企业定额进行组价。

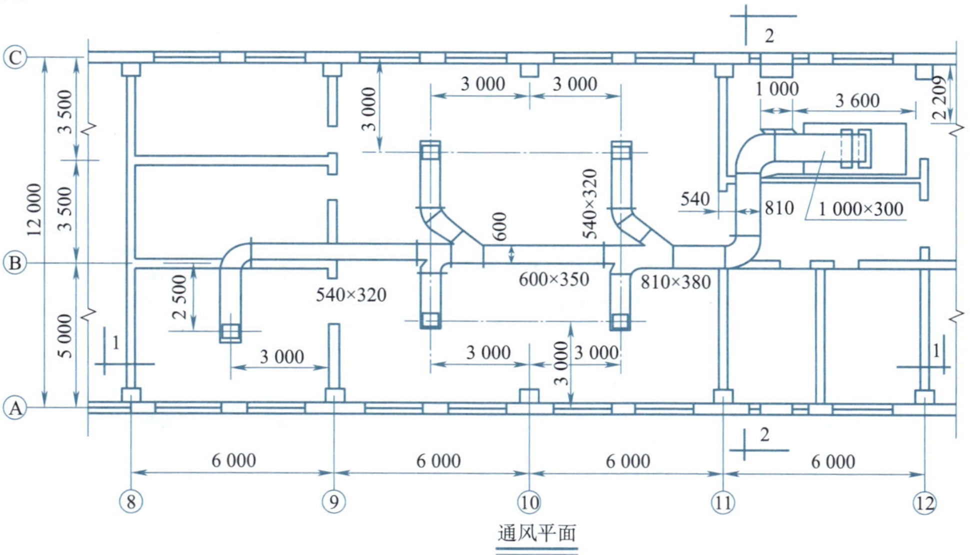

图2-1-1 通风工程平面及剖面图

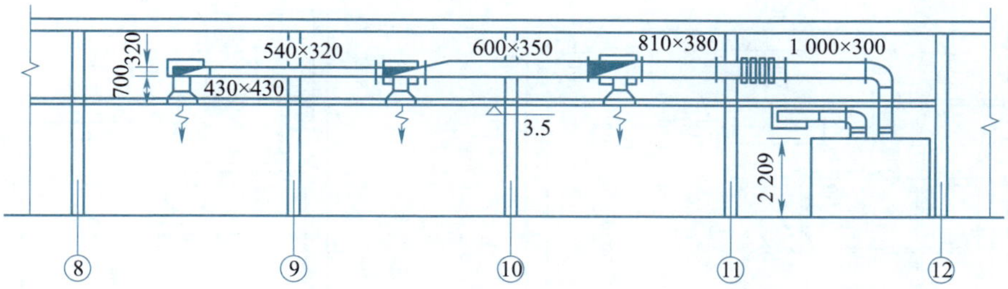

1—1剖面

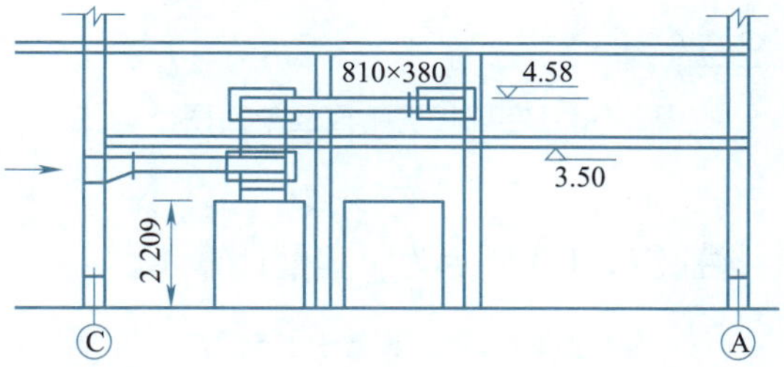

2—2剖面

图 2-1-1　通风工程平面及剖面图(续)

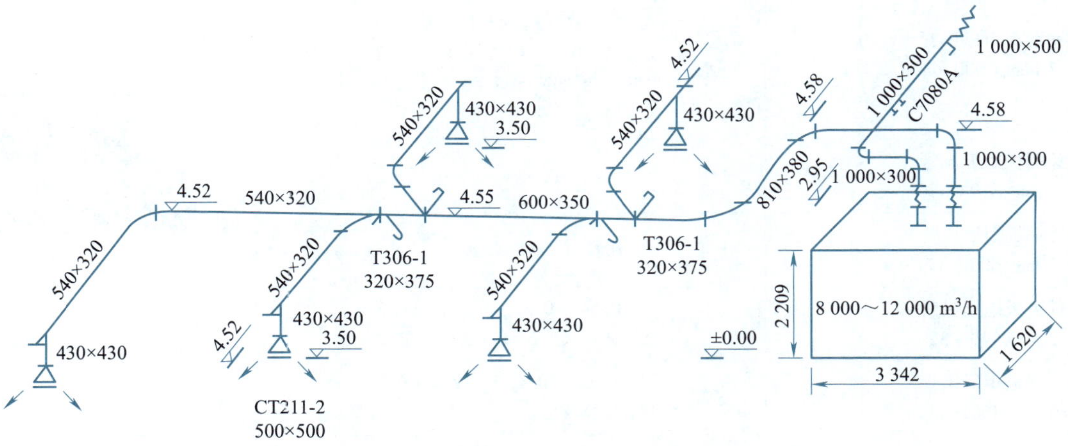

图 2-1-2　通风工程系统图

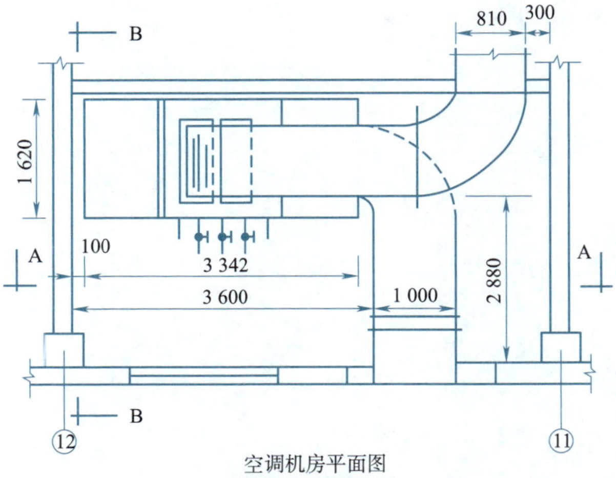

空调机房平面图

图 2-1-3　空调机房平面及剖面图

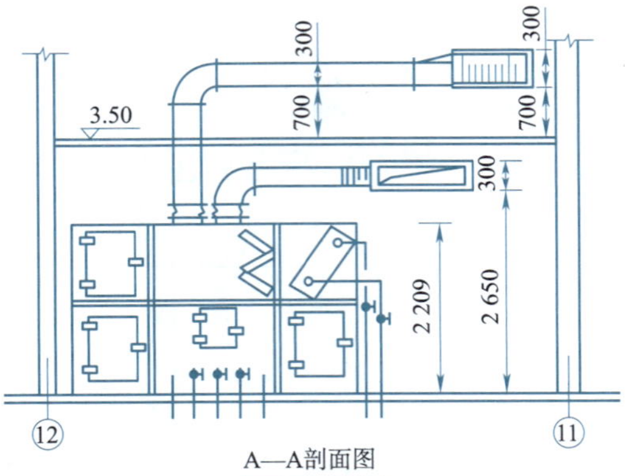

A—A剖面图

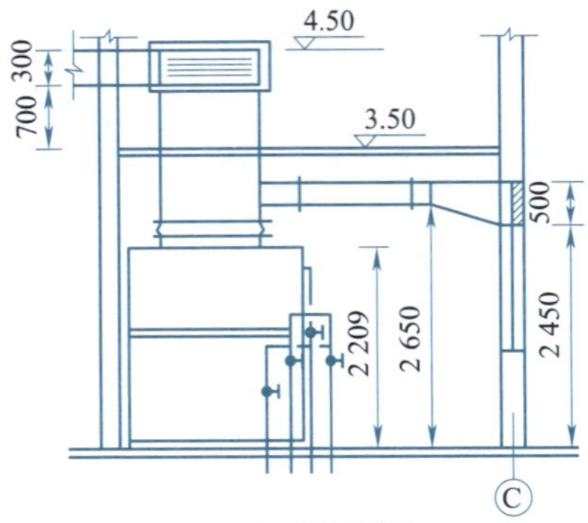

B—B剖面图

图 2-1-3 空调机房平面及剖面图（续）

1）计算工程量

表 2-1-2 所示为工程量分析计算，表 2-1-3 所示为工程量计算表。

表 2-1-2 工程量分析计算

序号	名 称	计量单位	部位	计算式	工程量	图 例
1	镀锌钢板矩形风管 $\delta=2$ mm，1 000×500	m^2	新风管	(1+0.5)×2×0.8	2.4	
2	镀锌钢板矩形风管 $\delta=2$ mm，1 000×300	m^2	新风管，干管	(1+0.3)×2×(2.88−0.8+0.5+3.342/2+0.5+2.65−2.1+0.3/2−0.2)+(1+0.3)×2×(3.5−2.209+0.7+0.3/2−0.2+4+1)	31.7	
3	镀锌钢板矩形风管 $\delta=2$ mm，810×380	m^2	干管	(0.81+0.38)×2×(3.5+3)	15.47	
4	镀锌钢板矩形风管 $\delta=2$ mm，600×350	m^2	干管	(0.6+0.35)×2×6	11.4	
5	镀锌钢板矩形风管 $\delta=2$ mm，540×320	m^2	干管，支管	(0.54+0.32)×2×(3+3+2.5×3+4×2+0.5×5)	41.28	
6	镀锌钢板矩形风管 $\delta=2$ mm，430×430	m^2	支管	(0.43+0.43)×2×(0.7+0.32/2)×5	7.396	
7	温度、风量测定孔	个	新风管	1+1	2	
8	风管温度传感器 C7080A3240	个	新风管		1	
9	风量传感器（风速测定仪）RS485/0-5 V	个	新风管		1	

表 2-1-3　工程量计算表

序号	项目编码	项目名称	项目特征描述	单位	工程量	备　注
1	030902001001	碳钢通风管道制作安装	镀锌钢板矩形风管 δ=2 mm;1 000 mm×500 mm,1 000 mm×300 mm,810 mm×380 mm,600 mm×350 mm,540 mm×320 mm 共5种规格,吊架及法兰除锈、刷油,δ=100 mm 保温	m^2	102. 25	长边尺寸 450 mm<L≤1 000 mm
2	030902001006	碳钢通风管道制作安装	镀锌钢板矩形风管 δ=2 mm,430 mm×430 mm,吊架及法兰除锈、刷油,δ=100 mm 保温	m^2	7. 396	长边尺寸 320 mm<L≤450 mm
3	030702011001	温度、风量测定孔	圆孔,直径 Φ80 mm	个	2	
4	030601001001	风管温度传感器	型号:C7080A3240	支	1	
5	030601004001	风量传感器（风速测定仪）	型号:RS485/0-5V	支	1	

2）分部分项工程清单组价

（1）每平方米长边尺寸 450 mm<L≤1 000 mm 无缝钢管制作安装费用的企业定额分析：

人工费:75. 36 元。

材料费:93. 06 元（其中 2 mm 厚镀锌钢板的主材价格:72. 22 元/m^2）。

机械费:9. 07 元。

企业管理费:10. 55 元。

利润:16. 58 元。

综合单价:75. 36+93. 06+9. 07+10. 55+16. 58=204. 62（元/m^2）。

（2）每平方米长边尺寸 320 mm<L≤450 mm 无缝钢管制作安装费用的企业定额分析：

人工费:106. 81 元。

材料费:100. 37 元（其中 2 mm 厚镀锌钢板的主材价格:72. 22 元/m^2）。

机械费:14. 54 元。

企业管理费:14. 95 元。

利润:23. 5 元。

综合单价:106. 81+100. 37+14. 54+14. 95+23. 5=260. 17（元/m^2）。

（3）每个温度、风量测定孔制作安装费用的企业定额分析：

人工费:59. 46 元。

材料费:8. 79 元。

机械费:9. 79 元。

企业管理费:8. 32 元。

利润:13. 08 元。

综合单价:59. 46+8. 79+9. 79+8. 32+13. 08=99. 44（元/个）

（4）每支温度传感器安装费用的企业定额分析：

人工费:20. 02 元。

材料费:691. 75 元（其中温度传感器的主材价格:689 元/个）。

机械费:0. 5 元。

企业管理费:2. 8 元。

利润:4. 4 元。

综合单价:20. 02+691. 75+0. 5+2. 8+4. 4=719. 47（元/支）。

（5）每支风速测定仪安装费用的企业定额分析：

人工费:32. 03 元。

材料费:477. 38 元（其中风速测定仪的主材价格:475 元/支）。

机械费:0. 22 元。

企业管理费:4. 48 元。

利润:7. 05 元。

综合单价:32. 03 +477. 38 +0. 22 +4. 48 +7. 05 =521. 16(元/支)。

表 2-1-4 所示为分部分项工程清单计价表。

表 2-1-4　分部分项工程清单计价表

序号	项目编码	项目名称	项目特征描述	工程量	综合单价	综合合价
1	030902001001	碳钢通风管道制作安装	镀锌钢板矩形风管 δ = 2 mm;1 000 mm × 500 mm,1 000 mm × 300 mm,810 mm × 380 mm,600 mm × 350 mm,540 mm × 320 mm 共 5 种规格,吊架及法兰除锈、刷油,δ = 100 mm 保温	102. 25 m^2	204. 62 元/m^2	20 922. 40 元
2	030902001006	碳钢通风管道制作安装	镀锌钢板矩形风管 δ = 2 mm,430 mm × 430 mm,吊架及法兰除锈、刷油,δ = 100 mm 保温	7. 396 m^2	260. 17 元/ m^2	1 924. 22 元
3	030702011001	温度、风量测定孔	圆孔,直径 Φ80 mm	2 个	99. 44 元/个	198. 88 元
4	030601001001	风管温度传感器	型号:C7080A3240	1 支	719. 47 元/支	719. 47 元
5	030601004001	风量传感器(风速测定仪)	型号:RS485/0-5V	1 支	521. 16 元/支	521. 16 元

思一思

风管检查孔的计量单位何种情形采用“kg”,何种情形采用“个”?

知识模块 2　通风管道部件制作安装工程量计算与清单计价

一、通风管道部件制作安装工程量计算规则

通风管道部件制作安装工程量清单项目设置、项目特征描述的内容、计量单位及工程量计算规则,应按表 2-1-5 的规定执行。

表 2-1-5　通风管道部件制作安装(编码:030703)

项目编码	项目名称	项目特征	计量单位	工程量计算规则	工作内容
030703001	碳钢阀门	1. 名称 2. 型号 3. 规格 4. 质量 5. 类型 6. 支架形式、材质	个	按设计图示数量计算	1. 阀体制作 2. 阀体安装 3. 支架制作、安装
030703002	柔性软风管阀门	1. 名称 2. 规格 3. 材质 4. 类型			阀体安装
030703003	铝蝶阀	1. 名称 2. 规格 3. 质量 4. 类型			
030703004	不锈钢蝶阀				
030703005	塑料阀门	1. 名称 2. 型号 3. 规格 4. 类型			
030703006	玻璃钢蝶阀				

续表

项目编码	项目名称	项目特征	计量单位	工程量计算规则	工作内容
030703007	碳钢风口、散流器、百叶窗	1. 名称 2. 型号 3. 规格 4. 质量 5. 类型 6. 形式	个	按设计图示数量计算	1. 风口制作、安装 2. 散流器制作、安装 3. 百叶窗安装
030703008	不锈钢风口、散流器、百叶窗	1. 名称 2. 型号 3. 规格 4. 质量 5. 类型 6. 形式			1. 风口制作、安装 2. 散流器制作、安装
030703009	塑料风口、散流器、百叶窗				
030703010	玻璃钢风口	1. 名称 2. 型号 3. 规格 4. 类型 5. 形式			风口安装
030703011	铝及铝合金风口、散流器				1. 风口制作、安装 2. 散流器制作、安装
030703012	碳钢风帽	1. 名称 2. 规格 3. 质量 4. 类型 5. 形式 6. 风帽筝绳、泛水设计要求			1. 风帽制作、安装 2. 筒形风帽滴水盘制作、安装 3. 风帽筝绳制作、安装 4. 风帽泛水制作、安装
030703013	不锈钢风帽				
030703014	塑料风帽				
030703015	铝板伞形风帽				1. 板伞形风帽制作、安装 2. 风帽筝绳制作、安装 3. 风帽泛水制作、安装
030703016	玻璃钢风帽				1. 玻璃钢风帽安装 2. 筒形风帽滴水盘安装 3. 风帽筝绳安装 4. 风帽泛水安装
030703017	碳钢罩类	1. 名称 2. 型号 3. 规格 4. 质量 5. 类型 6. 形式 7. 罩类材质			罩类制作、安装
030703018	塑料罩类	1. 名称 2. 型号 3. 规格 4. 质量 5. 类型 6. 形式	个	按设计图示数量计算	1. 罩类制作 2. 罩类安装
030703019	柔性接口	1. 名称 2. 规格 3. 材质 4. 类型 5. 形式	m^2	按设计图示尺寸以展开面积计算	1. 柔性接口制作 2. 柔性接口安装
030703020	消声器	1. 名称 2. 规格 3. 材质 4. 形式 5. 质量 6. 支架形式、材质	个	按设计图示数量计算	1. 消声器制作 2. 消声器安装 3. 支架制作安装

续表

项目编码	项目名称	项目特征	计量单位	工程量计算规则	工作内容
030703021	静压箱	1. 名称 2. 规格 3. 形式 4. 材质 5. 支架形式、材质	1. 个 2. m^2	1. 按设计图示数量计算 2. 按设计图示尺寸以展开面积计算	1. 静压箱制作、安装 2. 支架制作、安装

注:

①碳钢阀门包括:空气加热器上通阀、空气加热器旁通阀、圆形瓣式启动阀、风管蝶阀、风管止回阀、密闭式斜插板阀、矩形风管三通调节阀、对开多叶调节阀、风管防火阀、各型风罩调节阀、人防工程密闭阀、自动排气活门等。

②塑料阀门包括:塑料蝶阀、塑料插板阀、各型风罩塑料调节阀。

③碳钢风口、散流器、百叶窗包括:百叶风口、矩形送风口、矩形空气分布器、风管插板风口、旋转吹风口、圆形散流器、方形散流器、流线型散流器、送吸风口、活动算式风口、网式风口、钢百叶窗等。

④碳钢罩类包括:皮带防护罩、电动机防雨罩、侧吸罩、中小型零件焊接台排气罩、整体分组式槽边侧吸罩、吹吸式槽边通风罩、条缝槽边抽风罩、泥心烘炉排气罩、升降式回转排气罩、上下吸式圆形回转罩、升降式排气罩、手锻炉排气罩。

⑤塑料罩类包括:塑料槽边侧吸罩、塑料槽边风罩、塑料条缝槽边抽风罩。

⑥柔性接口指:金属、非金属软接口及伸缩节。

⑦消声器包括:片式消声器、矿棉管式消声器、聚酯泡沫管式消声器、卡普隆纤维管式消声器、弧形声流式消声器、阻抗复合式消声器、微穿孔板消声器、消声弯头。

⑧通风部件图纸要求制作安装、要求用成品部件只安装不制作,这类特征在项目特征中应明确描述。

⑨静压箱的面积计算:按设计图示尺寸以展开面积计算,不扣除开口的面积。

二、通风管道部件制作注意事项

(1)风管部件的现场制作逐渐由成品部件代替。

(2)风管部件需要现场制作时以“kg”为计量单位。其工程量计算先按设计图示统计数量,查《通风空调工程》定额附录“国家通风部件标准质量表”中的单个质量,再计算总质量。

三、通风管道部件工程量计算及清单组价实例

【例 2-1-2】 计算【例 2-1-1】中风管部件工程量并根据企业定额进行组价。

1)计算工程量

表 2-1-6 所示为风管部件工程量分析计算,表 2-1-7 所示为风管部件工程量计算表。

表 2-1-6 风管部件工程量分析计算

序号	名 称	计量单位	部位	计 算 式	工程量	图 例
1	矩形风管三通调节阀(T306-1)	kg		4×12.23	48.92	
2	钢百叶窗(新风口)	m^2	新风管	1×0.5	0.5	
3	方形直片散流器 CT211-2 (500 mm ×500 mm)	kg	支管	5×12.23	61.15	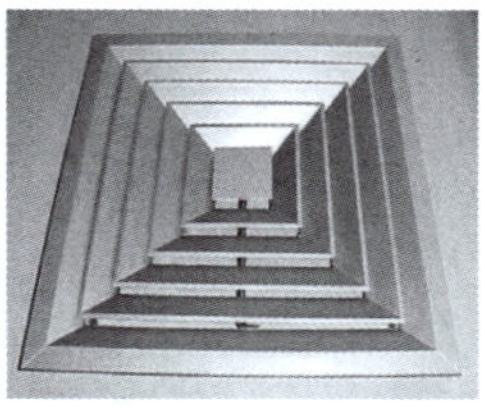

续表

序号	名　称	计量单位	部位	计 算 式	工程量	图　例
4	帆布软接头	m^2		(1 +0.3) ×2 ×0.2 ×3	1.56	

表 2-1-7　风管部件工程量计算表

序号	项目编码	项目名称	项目特征描述	单位	工程量	备　注
1	030903001001	碳钢调节阀制作安装	碳钢三通阀 T306-1,每个 12.23 kg	个	4	
2	030903007001	碳钢风口制作安装	钢百叶窗制作、安装、除锈、刷油,1 000 mm ×500 mm J718-1	个	1	
3	030902011001	碳钢散流器制作安装	铝合金散流器方形直片式 CT211-2,500 mm ×500 mm	个	5	
4	030903019001	柔性接口制作安装	帆布软接头	m^2	1.56	

2)分部分项工程清单组价

(1)每个碳钢三通调节阀的制作安装费用的企业定额分析:

人工费:48.71 元。

材料费:748.43 元(其中调节阀的主材费用价格:715 元)。

机械费:5.59 元。

企业管理费:6.82 元。

利润:10.72 元。

综合单价:48.71 +748.43 +5.59 +6.82 +10.72 =820.27(元/个)。

(2)每个钢百叶窗安装费用的企业定额分析:

人工费:31.95 元。

材料费:181.79 元(其中钢百叶窗的主材费用:176.99 元)。

机械费:0 元。

企业管理费:4.47 元。

利润:7.03 元。

综合单价:31.95 +181.79 +4.47 +7.03 =225.24(元/个)。

(3)每个方形直片散流器安装费用的企业定额分析:

人工费:34.95 元。

材料费:83.5 元(其中方形直片散流器的主材费用:73.27 元)。

机械费:0 元。

企业管理费:4.89 元。

利润:7.69 元。

综合单价:34.95 +83.5 +4.89 +7.69 =131.03(元/个)。

(4)每平方米帆布软接头制作安装费用的企业定额分析:

人工费:158.64 元。

材料费:168.4 元。

机械费:1.77 元。

企业管理费:22.21 元。

利润:34.9 元。

综合单价:158.64 + 168.4 + 1.77 + 22.21 + 34.9 = 385.92(元/m^2)。

表 2-1-8 所示为分部分项工程清单计价表。

表 2-1-8 分部分项工程清单计价表

序号	项目编码	项目名称	项目特征描述	工程量	综合单价	综合合价
1	030903001001	碳钢调节阀制作安装	碳钢三通阀 T306-1,每个 12.23 kg	4 个	820.27 元/个	3 281.08 元
2	030903007001	碳钢风口制作安装	钢百叶窗制作、安装、除锈、刷油 1 000 mm × 500 mm J718-1	1 个	225.24 元/个	225.24 元
3	030902011001	碳钢散流器制作安装	铝合金散流器方形直片式 CT211-2 500 mm × 500 mm	5 个	131.03 元/个	655.15 元
4	030903019001	柔性接口制作安装	帆布软接头	1.56 m^2	385.92 元/m^2	602.04 元

忆一忆

常用的风管部件有哪些类型?

任务实施

根据某企业工程投标需求，依据某工程加压送风及排烟系统原理图、平面图等图纸，以及相关规范、企业定额等资料，计算通风管道及部件工程量并进行分部分项工程清单组价，其工作程序基本包括如下步骤：

一、熟悉图纸

小组成员在充分了解设计说明的基础上，结合系统图熟练识读防排烟平面图，仔细区分管径规格、管道部件类型，在此基础上计算工程量。

二、选择工程量计算规则，计算工程量

根据《通用安装工程工程量计算规范》(GB 50856—2013)区分项目类别，针对通风管道及部件等具体项目，根据项目特征，选择工程量计算规则，按照工程量计算规则进行工程量计算。

三、复核工程量

每个小组将工程量计算完成后，由小组其他人员进行校核，并与招标单位给定的工程量清单进行复核；小组复核完成后，其他小组对另外五个小组分别复核。

四、确定取费费率

根据黑龙江省住房和城乡建设厅各年度下发建筑安装工程结算参照标准及企业定额确定相应费率。

五、确定分部分项工程综合单价

根据企业定额确定消耗量指标和生产要素单价，确定完成各清单项目实际应发生的工程内容，计算工程内容的工程数量与清单单位的含量：

清单单位含量 =（某工程内容的定额工程量）/清单工程量

计算分部分项工程人工、材料、施工机具使用费，计算企业管理费和利润，汇总计算出分部分项工程综合单价。

笔记栏

【编制通风管道及部件工程量计算及清单计价工作单】

计 划 单

<table>
<tr><td>学习情境 2</td><td colspan="2">建筑通风与空调工程计量与计价</td><td>任务 1</td><td>通风管道及部件工程量计算与清单计价</td></tr>
<tr><td>工作方式</td><td colspan="2">组内讨论、团结协作，共同制订计划：小组成员进行工作讨论，确定工作步骤</td><td>计划学时</td><td>0.5 学时</td></tr>
<tr><td>完成人</td><td colspan="4">1. ________ 2. ________ 3. ________ 4. ________ 5. ________ 6. ________</td></tr>
<tr><td colspan="5">计划依据：1. 老师给定的工程相关图纸； 2. 工程相关规范； 3. 企业定额</td></tr>
<tr><td>序号</td><td>计划步骤</td><td colspan="3">具体工作内容描述</td></tr>
<tr><td>1</td><td>准备工作
（整理建设工程基本信息，谁去做？）</td><td colspan="3"></td></tr>
<tr><td>2</td><td>组织分工
（成立组织，人员具体都完成什么？）</td><td colspan="3"></td></tr>
<tr><td>3</td><td>制订两套工程量计算和组价方案
（各有何特点？）</td><td colspan="3"></td></tr>
<tr><td>4</td><td>计算工程量
（分析工程量计算过程，谁负责？）</td><td colspan="3"></td></tr>
<tr><td>5</td><td>汇总工程量
（汇总什么，如何汇总利于组价？）</td><td colspan="3"></td></tr>
<tr><td>6</td><td>分部分项工程清单组价
（谁负责？ 组成要素是什么？）</td><td colspan="3"></td></tr>
<tr><td>制订计划说明</td><td colspan="4">（写出制订计划中人员为完成任务的主要建议或可以借鉴的建议、需要解释的某一方面）</td></tr>
</table>

决 策 单

<table>
<tr><td>学习情境 2</td><td colspan="2">建筑通风与空调工程计量与计价</td><td>任务 1</td><td>通风管道及部件工程量计算与清单计价</td></tr>
<tr><td colspan="3">决策学时</td><td colspan="2">1 学时</td></tr>
<tr><td colspan="5">决策目的：确定本小组认为最优的工程量计算及清单组价方案</td></tr>
<tr><td rowspan="7">方案
优劣比对</td><td rowspan="2">比对项目</td><td colspan="2">工作方案特点</td><td rowspan="2">确定最优方案
（画√）</td></tr>
<tr><td>方案名称 1：</td><td>方案名称 2：</td></tr>
<tr><td>计算规则选取是否准确</td><td></td><td></td><td rowspan="5">方案 1 优□</td></tr>
<tr><td>计算分析过程是否精确</td><td></td><td></td></tr>
<tr><td>计算公式准确性</td><td></td><td></td></tr>
<tr><td>组价要素是否全面</td><td></td><td></td></tr>
<tr><td>计算结果正确性</td><td></td><td></td></tr>
<tr><td colspan="2">方案 1 简介：</td><td colspan="2">方案 2 简介：</td><td>方案 2 优□</td></tr>
</table>

作　业　单

<table>
<tr><td>学习情境 2</td><td colspan="2">建筑通风与空调工程计量与计价</td><td>任务 1</td><td colspan="2">通风管道及部件工程量计算与清单计价</td></tr>
<tr><td rowspan="2">参加人员</td><td colspan="3">第____组</td><td colspan="2">开始时间：</td></tr>
<tr><td colspan="3">签名：</td><td colspan="2">结束时间：</td></tr>
<tr><td>序号</td><td colspan="3">工作内容记录
（根据实施的具体工作记录，包括存在的问题及解决方法）</td><td colspan="2">分工
（负责人）</td></tr>
<tr><td></td><td colspan="3"></td><td colspan="2"></td></tr>
<tr><td></td><td colspan="3"></td><td colspan="2"></td></tr>
<tr><td></td><td colspan="3"></td><td colspan="2"></td></tr>
<tr><td></td><td colspan="3"></td><td colspan="2"></td></tr>
<tr><td></td><td colspan="3"></td><td colspan="2"></td></tr>
<tr><td></td><td colspan="3"></td><td colspan="2"></td></tr>
<tr><td></td><td colspan="3"></td><td colspan="2"></td></tr>
<tr><td></td><td colspan="3"></td><td colspan="2"></td></tr>
<tr><td></td><td colspan="3"></td><td colspan="2"></td></tr>
<tr><td></td><td colspan="3"></td><td colspan="2"></td></tr>
<tr><td></td><td colspan="3"></td><td colspan="2"></td></tr>
<tr><td></td><td colspan="3"></td><td colspan="2"></td></tr>
<tr><td rowspan="2">小结</td><td colspan="3">主要描述完成的成果及是否达到目标</td><td colspan="2">存在的问题</td></tr>
<tr><td colspan="3"></td><td colspan="2"></td></tr>
</table>

检 查 单

<table>
<tr><td colspan="2">学习情境 2</td><td>建筑通风与空调工程计量与计价</td><td>任务 1</td><td colspan="4">通风管道及部件工程量计算与清单计价</td></tr>
<tr><td colspan="2">检查学时</td><td colspan="2">0.5 学时</td><td colspan="4">第____组</td></tr>
<tr><td colspan="2">检查目的及方式</td><td colspan="6">教学过程监控小组的工作情况，如检查等级为不合格，小组需要整改，并拿出整改说明</td></tr>
<tr><td rowspan="2">序号</td><td rowspan="2">检查项目</td><td rowspan="2">检查标准</td><td colspan="5">检查结果分级
（在检查相应的分级框内画“√”）</td></tr>
<tr><td>优秀</td><td>良好</td><td>中等</td><td>合格</td><td>不合格</td></tr>
<tr><td>1</td><td>准备工作</td><td>建设工程基本信息、相关依据材料是否准备完整，学习资源是否查到</td><td></td><td></td><td></td><td></td><td></td></tr>
<tr><td>2</td><td>分工情况</td><td>安排是否合理、全面，分工是否明确</td><td></td><td></td><td></td><td></td><td></td></tr>
<tr><td>3</td><td>工作态度</td><td>小组工作是否积极主动、全员参与</td><td></td><td></td><td></td><td></td><td></td></tr>
<tr><td>4</td><td>纪律出勤</td><td>是否按时完成负责的工作内容，是否遵守工作纪律</td><td></td><td></td><td></td><td></td><td></td></tr>
<tr><td>5</td><td>团队合作</td><td>是否相互协作、互相帮助，成员是否听从指挥</td><td></td><td></td><td></td><td></td><td></td></tr>
<tr><td>6</td><td>创新意识</td><td>任务完成不照搬照抄，看问题具有独到见解、创新思维</td><td></td><td></td><td></td><td></td><td></td></tr>
<tr><td>7</td><td>完成效率</td><td>工作单是否记录完整，是否按照计划完成任务</td><td></td><td></td><td></td><td></td><td></td></tr>
<tr><td>8</td><td>完成质量</td><td>工作单填写是否准确</td><td></td><td></td><td></td><td></td><td></td></tr>
<tr><td>检查评语</td><td colspan="5"></td><td colspan="2">教师签字：</td></tr>
</table>

任务评价

小组工作评价单

学习情境2	建筑通风与空调工程计量与计价		任务1	通风管道及部件工程量计算与清单计价			
评价学时	0.5 学时						
评价类别	项目	子项目		个人评价	组内互评	教师评价	
专业能力	准备工作（10%）	准备工作完整性（5%）					
		工作步骤内容描述（5%）					
	计算过程（20%）	计算方法的正确性（10%）					
		计算过程的完整性（10%）					
	计算结果（10%）	工程量计算结果的正确性（5%）					
		清单组价结果的正确性（5%）					
	安全文明（10%）	工作过程遵守相关要求及注意事项					
	完成时间（10%）	在要求时间内完成相关任务，每超5 min扣2分					
社会能力	团结协作（10%）						
	敬业精神（10%）						
方法能力	计划能力（10%）						
	决策能力（10%）						
评价评语	班　　级		姓　　名		学号	总评	
	教师签字		第　　组	组长签字		日期	

小组成员素质评价单

<table>
<tr><td>学习情境 2</td><td colspan="3">建筑通风与空调工程计量与计价</td><td>任务 1</td><td colspan="4">通风管道及部件工程量计算与清单计价</td></tr>
<tr><td>班　　级</td><td></td><td>第____组</td><td colspan="2"></td><td>成员姓名</td><td colspan="3"></td></tr>
<tr><td>评分说明</td><td colspan="8">每个小组成员评价分为自评和小组其他成员评价两部分，取平均值计算，作为该小组成员的任务评价个人分数。评价项目共设计 5 个，依据评分标准给予合理量化打分。小组成员自评分后，要找小组其他成员以不记名方式打分</td></tr>
<tr><td>评分项目</td><td colspan="2">评分标准</td><td>自评
（100 分）</td><td>成员 1
（100 分）</td><td>成员 2
（100 分）</td><td>成员 3
（100 分）</td><td>成员 4
（100 分）</td><td>成员 5
（100 分）</td></tr>
<tr><td>核心价值观
（20 分）</td><td colspan="2">是否践行社会主义核心价值观</td><td></td><td></td><td></td><td></td><td></td><td></td></tr>
<tr><td>工作态度
（20 分）</td><td colspan="2">是否按时完成负责的工作内容、遵守纪律，是否积极主动参与小组工作且全过程参与，是否吃苦耐劳、具有工匠精神</td><td></td><td></td><td></td><td></td><td></td><td></td></tr>
<tr><td>交流沟通
（20 分）</td><td colspan="2">是否能良好地表达自己的观点，是否能倾听他人的观点</td><td></td><td></td><td></td><td></td><td></td><td></td></tr>
<tr><td>团队合作
（20 分）</td><td colspan="2">是否与小组成员合作完成任务，是否做到相互协作、互相帮助、听从指挥</td><td></td><td></td><td></td><td></td><td></td><td></td></tr>
<tr><td>创新意识
（20 分）</td><td colspan="2">看问题是否能独立思考、提出独到见解，是否能够运用创新思维解决遇到的问题</td><td></td><td></td><td></td><td></td><td></td><td></td></tr>
<tr><td colspan="3">最终小组成员得分</td><td colspan="6"></td></tr>
</table>

课后反思

学习情境2	建筑通风与空调工程计量与计价		任务1	通风管道及部件工程量计算与清单计价	
班　级		第____组	成员姓名		
情感反思	通过对本任务的学习和实践,你认为自己在社会主义核心价值观、职业素养、学习和工作态度等方面有哪些需要提高的部分?				
知识反思	通过对本任务的学习,你掌握了哪些知识点?请画出思维导图。				
技能反思	在完成本任务的学习和实训过程中,你主要掌握了哪些技能?				
方法反思	在完成本任务的学习和实践过程中,你主要掌握了哪些分析和解决问题的方法?				

任务2　通风空调设备安装工程量计算与清单计价

任　务　单

<table>
<tr><td>学习情境2</td><td colspan="3">建筑通风与空调工程计量与计价</td><td>任务2</td><td colspan="2">通风空调设备安装工程量计算与清单计价</td></tr>
<tr><td>任务学时</td><td colspan="6">4 学时</td></tr>
<tr><td colspan="7">布置任务</td></tr>
<tr><td>任务目标</td><td colspan="6">1. 能够熟练识读防排烟平面图、加压送风及机械排烟原理图；
2. 能正确查阅《通用安装工程工程量计算规范》(GB 50856—2013)，完成通风空调设备及部件、通风工程检测及调试工程量计算规则的选择；
3. 能正确计算通风空调设备及部件、通风工程检测及调试等的工程量，并熟练进行分部分项工程清单组价；
4. 能够在完成任务过程中锻炼职业素养，做到严谨认真、吃苦耐劳、诚实守信</td></tr>
<tr><td>任务描述</td><td colspan="6">文本
通风空调设备安装工程量计算及清单计价施工图
根据招标文件、施工图纸等资料，查阅工程量计算规范，正确选择工程量计算规则，计算并核对大隐项目1#楼通风空调设备安装工程量，包括：地上1层、2层、3层、架空层、屋顶层通风空调设备及部件，通风工程检测、调试等的工程量，并详细分析工程量计算过程；根据企业定额、计价规范等资料，进行分部分项工程清单组价</td></tr>
<tr><td rowspan="2">学时安排</td><td>资讯</td><td>计划</td><td>决策</td><td>实施</td><td>检查</td><td>评价</td></tr>
<tr><td>0.5 学时</td><td>0.5 学时</td><td>1 学时</td><td>1 学时</td><td>0.5 学时</td><td>0.5 学时</td></tr>
<tr><td>对学生学习及成果的要求</td><td colspan="6">1. 每名同学均能按照资讯思维导图自主学习；
2. 严格遵守课堂纪律，不迟到、不早退，学习态度认真、端正；
3. 能够熟练识读通风空调工程施工图；具备一定的实践动手能力、自学能力、数据计算能力及计算机操作能力；
4. 小组讨论通风空调设备及部件工程量计算的方案，能够确定通风空调设备及部件工程量的计算规则，掌握工程量计算及清单组价方法，能够正确计算工程量并进行清单组价；
5. 积极参与小组工作任务讨论，协作完成课堂任务，具备一定的团队沟通协调能力、语言表达能力和团队意识；
6. 讲解工程量计算及清单组价过程，接受教师与学生的点评，同时参与小组自评与互评</td></tr>
</table>

思维导图

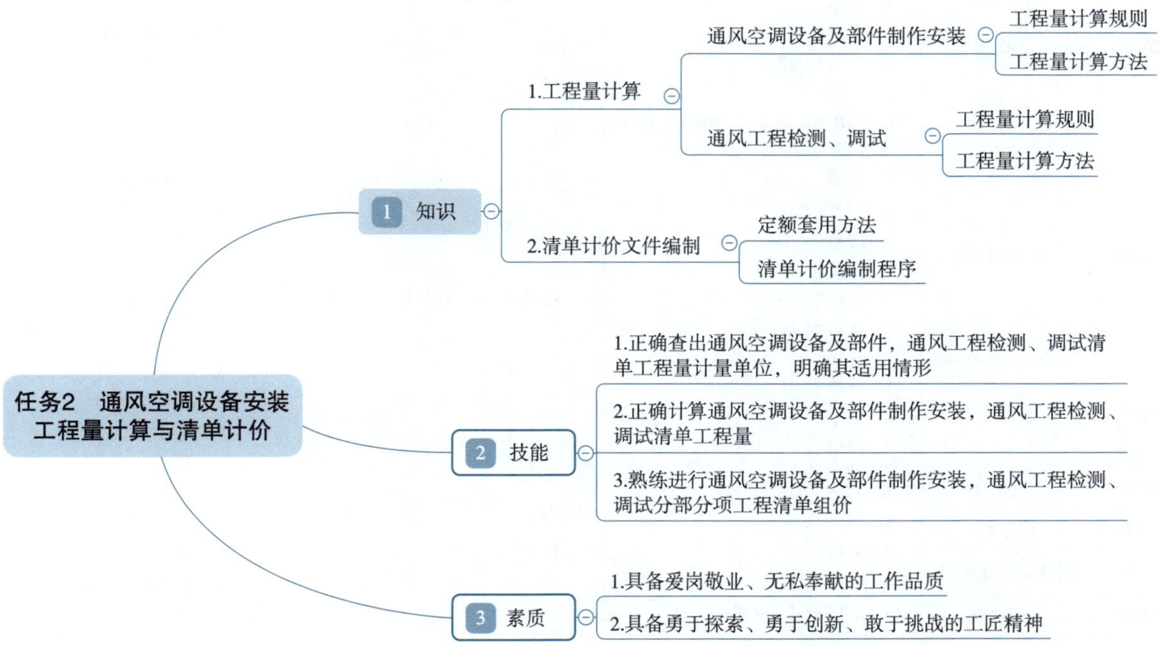

课前自学

【通风空调设备安装分部分项清单项目】

《通用安装工程工程量计算规范》(GB 50856—2013)附录 G 通风空调工程中,设置了 4 个小节 47 个清单项目。本任务主要完成通风空调设备及部件制作安装与通风工程检测、调试工程量的计算。

1. 通风空调设备及部件制作安装

本节设置了 13 个清单项目:空气加热器(冷却器),除尘设备,空调器,风机盘管,表冷器,密闭门,挡水板,滤水器、溢水盘,金属壳体,过滤器,净化工作台,风淋室,洁净室。

2. 通风工程检测、调试

本节设置了两个清单项目:通风工程检测、调试,以及风管漏光试验、漏风试验。

知识模块 1　通风空调设备及部件制作安装工程量计算与清单计价

一、通风空调设备及部件制作安装工程量计算规则

通风空调设备及部件制作安装工程量清单项目设置、项目特征描述的内容、计量单位及工程量计算规则,应按表 2-2-1 的规定执行。

表 2-2-1　通风空调设备及部件制作安装(编码:030701)

项目编码	项目名称	项目特征	计量单位	工程量计算规则	工作内容
030701001	空气加热器(冷却器)	1. 名称 2. 型号 3. 规格 4. 质量 5. 安装形式 6. 支架形式、材质	台	按设计图示数量计算	1. 本体安装、调试 2. 设备支架制作、安装
030701002	除尘设备				

续表

<table>
<tr><th>项目编码</th><th>项目名称</th><th>项目特征</th><th>计量单位</th><th>工程量计算规则</th><th>工作内容</th></tr>
<tr><td>030701003</td><td>空调器</td><td>1. 名称
2. 型号
3. 规格
4. 安装形式
5. 质量
6. 隔振垫(器)、支架形式、材质</td><td>台(组)</td><td rowspan="7">按设计图示数量计算</td><td>1. 本体安装或组装、调试
2. 设备支架制作、安装</td></tr>
<tr><td>030701004</td><td>风机盘管</td><td>1. 名称
2. 型号
3. 规格
4. 安装形式
5. 减振器、支架形式、材质
6. 试压要求</td><td rowspan="2">台</td><td>1. 本体安装、调试
2. 支架制作、安装
3. 试压</td></tr>
<tr><td>030701005</td><td>表冷器</td><td>1. 名称
2. 型号
3. 规格</td><td>1. 本体安装
2. 型钢制安
3. 过滤器安装
4. 挡水板安装
5. 调试及运转</td></tr>
<tr><td>030701006</td><td>密闭门</td><td rowspan="4">1. 名称
2. 型号
3. 规格
4. 形式
5. 支架形式、材质</td><td rowspan="4">个</td><td rowspan="4">1. 本体制作
2. 本体安装
3. 支架制作、安装</td></tr>
<tr><td>030701007</td><td>挡水板</td></tr>
<tr><td>030701008</td><td>滤水器、溢水盘</td></tr>
<tr><td>030701009</td><td>金属壳体</td></tr>
<tr><td>030701010</td><td>过滤器</td><td>1. 名称
2. 型号
3. 规格
4. 类型
5. 框架形式、材质</td><td>1. 台
2. m^2</td><td>1. 按设计图示数量计算
2. 按设计图示尺寸以过滤面积计算</td><td>1. 本体安装
2. 框架制作、安装</td></tr>
<tr><td>030701011</td><td>净化工作台</td><td>1. 名称
2. 型号
3. 规格
4. 类型</td><td rowspan="3">台</td><td rowspan="3">按设计图示数量计算</td><td rowspan="3">本体安装</td></tr>
<tr><td>030701012</td><td>风淋室</td><td rowspan="2">1. 名称
2. 型号
3. 规格
4. 类型
5. 质量</td></tr>
<tr><td>030701013</td><td>洁净室</td></tr>
</table>

注:通风空调设备安装的地脚螺栓按设备自带考虑。

二、工程量计算注意事项

(1)冷冻机组站内的设备安装、通风机安装及人防两用通风机安装,应按《通用安装工程工程量计算规范》(GB 50856—2013)附录 A 机械设备安装工程相关项目编码列项。

(2)冷冻机组站内的管道安装,应按《通用安装工程工程量计算规范》(GB 50856—2013)附录 H 工业管道工程相关项目编码列项。

(3)冷冻站外墙皮以外通往通风空调设备供热、供冷、供水等管道,应按《通用安装工程工程量计算规范》(GB 50856—2013)附录 K 给排水、采暖、燃气工程相关项目编码列项。

三、通风空调设备及部件制作安装工程量计算及清单组价实例

【例 2-2-1】 某商场的叠式金属空气调节器分 6 个段室:风机段、喷淋段、过滤段、加热段、空气冷处理段和中间段,其外形尺寸为 3 342 mm × 1 620 mm × 2 109 mm,共 1 200 kg。其供风量为 8 000 ~ 12 000 m^3/h。试计算该系统的通风空调设备及部件制作安装工程量,并根据企业定额进行组价。

1)工程量计算

表 2-2-2 所示为通风空调设备及部件制作安装工程量分析计算,表 2-2-3 所示为工程量计算表。

表 2-2-2　通风空调设备及部件制作安装工程量分析计算

序号	名　称	计量单位	部位	计算式	工程量	图　例
1	叠式金属空气调节器 ZK-1,质量 1 200 kg	台	—	—	1	

表 2-2-3　工程量计算表

序号	项目编码	项目名称	项目特征描述	单位	工程量	备注
1	030901004001	空气调节器	叠式金属空气调节器安装(6 段)ZK-1 型,质量 1 200 kg	台	1	

2)分布分项工程清单组价

每台叠式金属空气调节器安装制作安装费用的企业定额分析:

人工费:2 267. 16 元。

材料费:528. 96 元。

机械费:261. 6 元。

企业管理费:317. 4 元。

利润:498. 72 元。

综合单价:2 267. 16 +528. 96 +261. 6 +317. 4 +498. 72 =3 873. 84(元/台)。

表 2-2-4 所示为分部分项工程清单计价表。

表 2-2-4　分部分项工程清单计价表

序号	项目编码	项目名称	项目特征描述	工程量	综合单价	综合合价
1	030901004001	空气调节器	叠式金属空气调节器安装(6 段)ZK-1 型,质量 1 200 kg	1 台	3 873. 84 元/台	3 873. 84 元

思一思

过滤器的计量单位何种情形采用“台”,何种情形采用“m^2”?

知识模块 2　通风工程检测、调试工程量计算与清单计价

一、通风工程检测、调试工程量计算规则

通风工程检测、调试工程量清单项目设置、项目特征描述的内容、计量单位及工程量计算规则,应按表 2-2-5 的规定执行。

表 2-2-5　通风工程检测、调试(编码:030704)

项目编码	项目名称	项目特征	计量单位	工程量计算规则	工作内容
030704001	通风工程检测、调试	系统	系统	按由通风设备、管道及部件等组成的通风系统计算	1. 通风管道风量测定 2. 风压测定 3. 温度测定 4. 各系统风口、阀门调整
030704002	风管漏光试验、漏风试验	漏光试验、漏风试验设计要求	m^2	按设计图纸或规范要求以展开面积计算	通风管道漏光试验、漏风试验

二、通风工程检测、调试工程量计算及清单组价实例

【例 2-2-2】 试计算【例 2-2-1】中通风工程检测、调试工程量并根据企业定额进行组价。

1)工程量计算

表 2-2-6 所示为通风工程检测、调试工程量分析计算,表 2-2-7 所示为工程量计算表。

表 2-2-6 通风工程检测、调试工程量分析计算

序号	名　称	计量单位	部位	计算式	工程量	图　例
1	通风系统调试	系统	—	—	1	

表 2-2-7 工程量计算表

序号	项目编码	项目名称	项目特征描述	单位	工程量	备注
1	030904001001	通风工程检测、调试	通风工程检测,调试	系统	1	—

2)分布分项工程清单组价

通风工程检测、调试费用的企业定额分析:

人工费:68. 18 元。

材料费:126. 63 元。

机械费:0 元。

企业管理费:9. 55 元。

利润:15 元。

综合单价:68. 18 + 126. 63 + 9. 55 + 15 = 219. 36(元/m^2)。

表 2-2-8 所示为分部分项工程清单计价表。

表 2-2-8 分部分项工程清单计价表

序号	项目编码	项目名称	项目特征描述	单位	工程量	综合单价	综合合价
1	030704001001	通风工程检测、调试	通风工程检测,调试	系统	1	219. 36 元/m^2	219. 36 元

忆一忆

通风工程检测、调试的计量单位是什么?

任务实施

根据某企业工程投标需求，依据某工程加压送风及排烟系统原理图、平面图等图纸，以及相关规范，企业定额等资料，计算室内通风空调设备及部件、通风工程检测及调试工程量，并进行分部分项工程清单组价，其工作程序基本包括如下步骤：

一、熟悉图纸

小组成员在充分了解设计说明的基础上，结合系统图，熟练识读防排烟平面图，仔细区分设备及部件类型，在此基础上计算工程量。

二、选择工程量计算规则，计算工程量

根据《通用安装工程工程量计算规范》(GB 50856—2013)区分项目类别，针对室内通风空调设备及部件、通风工程检测及调试等具体项目，根据项目特征，选择工程量计算规则，按照工程量计算规则进行工程量计算。

三、复核工程量

每个小组将工程量计算完成后，由小组其他人员进行校核，并与招标单位给定的工程量清单进行复核；小组复核完成后，其他小组对另外五个小组分别复核。

四、确定取费费率

根据黑龙江省住房和城乡建设厅各年度下发建筑安装工程结算参照标准及企业定额确定相应费率。

五、确定分部分项工程综合单价

根据企业定额确定消耗量指标和生产要素单价，确定完成各清单项目实际应发生的工程内容，计算工程内容的工程数量与清单单位的含量：

清单单位含量 =（某工程内容的定额工程量）/清单工程量

计算分部分项工程人工、材料、施工机具使用费，计算企业管理费和利润，汇总计算出分部分项工程综合单价。

笔记栏

【编制通风空调设备安装工程量计算及清单计价工作单】

计 划 单

学习情境 2	建筑通风与空调工程计量与计价		任务 2	通风空调设备安装工程量计算与清单计价
工作方式	组内讨论、团结协作，共同制订计划：小组成员进行工作讨论，确定工作步骤		计划学时	0.5 学时
完成人	1. ________ 2. ________ 3. ________ 4. ________ 5. ________ 6. ________			
计划依据：1. 老师给定的工程相关图纸；　2. 工程相关规范；　3. 企业定额				
序号	计划步骤	具体工作内容描述		
1	准备工作 （整理建设工程基本信息，谁去做？）			
2	组织分工 （成立组织，人员具体都完成什么？）			
3	制订两套工程量计算和组价方案 （各有何特点？）			
4	计算工程量 （分析工程量计算过程，谁负责？）			
5	汇总工程量 （汇总什么，如何汇总利于组价？）			
6	分部分项工程清单组价 （谁负责？组成要素是什么？）			
制订计划说明	（写出制订计划中人员为完成任务的主要建议或可以借鉴的建议、需要解释的某一方面）			

决 策 单

<table>
<tr><td>学习情境 2</td><td colspan="2">建筑通风与空调工程计量与计价</td><td>任务 2</td><td>通风空调设备安装工程量计算与清单计价</td></tr>
<tr><td colspan="3">决策学时</td><td colspan="2">1 学时</td></tr>
<tr><td colspan="5">决策目的:确定本小组认为最优的工程量计算及清单组价方案</td></tr>
<tr><td rowspan="7">方案
优劣比对</td><td rowspan="2">比对项目</td><td colspan="2">工作方案特点</td><td rowspan="2">确定最优方案
（画√）</td></tr>
<tr><td>方案名称 1：</td><td>方案名称 2：</td></tr>
<tr><td>计算规则选取是否准确</td><td></td><td></td><td rowspan="5">方案 1 优□</td></tr>
<tr><td>计算分析过程是否精确</td><td></td><td></td></tr>
<tr><td>计算公式准确性</td><td></td><td></td></tr>
<tr><td>组价要素是否全面</td><td></td><td></td></tr>
<tr><td>计算结果正确性</td><td></td><td></td></tr>
<tr><td colspan="2">方案 1 简介：</td><td colspan="2">方案 2 简介：</td><td>方案 2 优□</td></tr>
</table>

作 业 单

<table>
<tr><td>学习情境 2</td><td colspan="2">建筑通风与空调工程计量与计价</td><td>任务 2</td><td>通风空调设备安装工程量计算与清单计价</td></tr>
<tr><td rowspan="2">参加人员</td><td colspan="3">第____组</td><td>开始时间：</td></tr>
<tr><td colspan="3">签名：</td><td>结束时间：</td></tr>
<tr><td>序号</td><td colspan="3">工作内容记录
（根据实施的具体工作记录，包括存在的问题及解决方法）</td><td>分工
（负责人）</td></tr>
<tr><td></td><td colspan="3"></td><td></td></tr>
<tr><td></td><td colspan="3"></td><td></td></tr>
<tr><td></td><td colspan="3"></td><td></td></tr>
<tr><td></td><td colspan="3"></td><td></td></tr>
<tr><td></td><td colspan="3"></td><td></td></tr>
<tr><td></td><td colspan="3"></td><td></td></tr>
<tr><td></td><td colspan="3"></td><td></td></tr>
<tr><td></td><td colspan="3"></td><td></td></tr>
<tr><td></td><td colspan="3"></td><td></td></tr>
<tr><td></td><td colspan="3"></td><td></td></tr>
<tr><td></td><td colspan="3"></td><td></td></tr>
<tr><td></td><td colspan="3"></td><td></td></tr>
<tr><td rowspan="2">小结</td><td colspan="3">主要描述完成的成果及是否达到目标</td><td>存在的问题</td></tr>
<tr><td colspan="3"></td><td></td></tr>
</table>

检 查 单

<table>
<tr><td colspan="2">学习情境 2</td><td colspan="2">建筑通风与空调工程计量与计价</td><td>任务 2</td><td colspan="3">通风空调设备安装工程量计算与清单计价</td></tr>
<tr><td colspan="2">检查学时</td><td colspan="3">0. 5 学时</td><td colspan="3">第____组</td></tr>
<tr><td colspan="2">检查目的及方式</td><td colspan="6">教学过程监控小组的工作情况，如检查等级为不合格，小组需要整改，并拿出整改说明</td></tr>
<tr><td rowspan="2">序号</td><td rowspan="2">检查项目</td><td rowspan="2">检查标准</td><td colspan="5">检查结果分级
（在检查相应的分级框内画“√”）</td></tr>
<tr><td>优秀</td><td>良好</td><td>中等</td><td>合格</td><td>不合格</td></tr>
<tr><td>1</td><td>准备工作</td><td>建设工程基本信息、相关依据材料是否准备完整，学习资源是否查到</td><td></td><td></td><td></td><td></td><td></td></tr>
<tr><td>2</td><td>分工情况</td><td>安排是否合理、全面，分工是否明确</td><td></td><td></td><td></td><td></td><td></td></tr>
<tr><td>3</td><td>工作态度</td><td>小组工作是否积极主动、全员参与</td><td></td><td></td><td></td><td></td><td></td></tr>
<tr><td>4</td><td>纪律出勤</td><td>是否按时完成负责的工作内容，是否遵守工作纪律</td><td></td><td></td><td></td><td></td><td></td></tr>
<tr><td>5</td><td>团队合作</td><td>是否相互协作、互相帮助，成员是否听从指挥</td><td></td><td></td><td></td><td></td><td></td></tr>
<tr><td>6</td><td>创新意识</td><td>任务完成不照搬照抄，看问题具有独到见解、创新思维</td><td></td><td></td><td></td><td></td><td></td></tr>
<tr><td>7</td><td>完成效率</td><td>工作单是否记录完整，是否按照计划完成任务</td><td></td><td></td><td></td><td></td><td></td></tr>
<tr><td>8</td><td>完成质量</td><td>工作单填写是否准确</td><td></td><td></td><td></td><td></td><td></td></tr>
<tr><td>检查评语</td><td colspan="5"></td><td colspan="2">教师签字：</td></tr>
</table>

任 务 评 价

小组工作评价单

<table>
<tr><td>学习情境 2</td><td colspan="2">建筑通风与空调工程计量与计价</td><td>任务 2</td><td colspan="2">通风空调设备安装工程量计算与清单计价</td></tr>
<tr><td>评价学时</td><td colspan="5">0.5 学时</td></tr>
<tr><td>评价类别</td><td>项目</td><td>子项目</td><td>个人评价</td><td>组内互评</td><td>教师评价</td></tr>
<tr><td rowspan="9">专业能力</td><td rowspan="2">准备工作
(10%)</td><td>准备工作完整性(5%)</td><td></td><td></td><td></td></tr>
<tr><td>工作步骤内容描述(5%)</td><td></td><td></td><td></td></tr>
<tr><td rowspan="2">计算过程
(20%)</td><td>计算方法的正确性(10%)</td><td rowspan="2"></td><td rowspan="2"></td><td rowspan="2"></td></tr>
<tr><td>计算过程的完整性(10%)</td></tr>
<tr><td rowspan="2">计算结果
(10%)</td><td>工程量计算结果的正确性(5%)</td><td rowspan="2"></td><td rowspan="2"></td><td rowspan="2"></td></tr>
<tr><td>清单组价结果的正确性(5%)</td></tr>
<tr><td>安全文明
(10%)</td><td>工作过程遵守相关要求及注意事项</td><td></td><td></td><td></td></tr>
<tr><td>完成时间
(10%)</td><td>在要求时间内完成相关任务,每超 5 min 扣 2 分</td><td></td><td></td><td></td></tr>
<tr><td style="display:none"></td></tr>
<tr><td rowspan="2">社会能力</td><td>团结协作
(10%)</td><td></td><td></td><td></td><td></td></tr>
<tr><td>敬业精神
(10%)</td><td></td><td></td><td></td><td></td></tr>
<tr><td rowspan="2">方法能力</td><td>计划能力
(10%)</td><td></td><td></td><td></td><td></td></tr>
<tr><td>决策能力
(10%)</td><td></td><td></td><td></td><td></td></tr>
<tr><td rowspan="2">评价评语</td><td>班　级</td><td></td><td>姓　名</td><td></td><td>学号</td><td></td><td>总评</td><td></td></tr>
<tr><td>教师签字</td><td></td><td>第　组</td><td>组长签字</td><td colspan="2"></td><td>日期</td><td></td></tr>
</table>

小组成员素质评价单

<table>
<tr><td>学习情境2</td><td colspan="2">建筑通风与空调工程计量与计价</td><td>任务2</td><td colspan="4">通风空调设备安装工程量计算与清单计价</td></tr>
<tr><td>班　级</td><td></td><td>第____组</td><td></td><td>成员姓名</td><td colspan="3"></td></tr>
<tr><td>评分说明</td><td colspan="7">每个小组成员评价分为自评和小组其他成员评价两部分，取平均值计算，作为该小组成员的任务评价个人分数。评价项目共设计5个，依据评分标准给予合理量化打分。小组成员自评分后，要找小组其他成员以不记名方式打分</td></tr>
<tr><td>评分项目</td><td>评分标准</td><td>自评
（100分）</td><td>成员1
（100分）</td><td>成员2
（100分）</td><td>成员3
（100分）</td><td>成员4
（100分）</td><td>成员5
（100分）</td></tr>
<tr><td>核心价值观
（20分）</td><td>是否践行社会主义核心价值观</td><td></td><td></td><td></td><td></td><td></td><td></td></tr>
<tr><td>工作态度
（20分）</td><td>是否按时完成负责的工作内容、遵守纪律，是否积极主动参与小组工作且全过程参与，是否吃苦耐劳、具有工匠精神</td><td></td><td></td><td></td><td></td><td></td><td></td></tr>
<tr><td>交流沟通
（20分）</td><td>是否能良好地表达自己的观点，是否能倾听他人的观点</td><td></td><td></td><td></td><td></td><td></td><td></td></tr>
<tr><td>团队合作
（20分）</td><td>是否与小组成员合作完成任务，是否做到相互协作、互相帮助、听从指挥</td><td></td><td></td><td></td><td></td><td></td><td></td></tr>
<tr><td>创新意识
（20分）</td><td>看问题是否能独立思考、提出独到见解，是否能够运用创新思维解决遇到的问题</td><td></td><td></td><td></td><td></td><td></td><td></td></tr>
<tr><td colspan="2">最终小组成员得分</td><td colspan="6"></td></tr>
</table>

课 后 反 思

学习情境2	建筑通风与空调工程计量与计价		任务2	通风空调设备安装工程量计算与清单计价	
班　　级		第____组		成员姓名	
情感反思	通过对本任务的学习和实践，你认为自己在社会主义核心价值观、职业素养、学习和工作态度等方面有哪些需要提高的部分？				
知识反思	通过对本任务的学习，你掌握了哪些知识点？请画出思维导图。				
技能反思	在完成本任务的学习和实训过程中，你主要掌握了哪些技能？				
方法反思	在完成本任务的学习和实践过程中，你主要掌握了哪些分析和解决问题的方法？				

学习情境3

建筑采暖工程计量与计价

学习指南

情境导入

某机电安装有限责任公司拟参加某工程A栋建筑采暖工程投标，建设单位委托某咨询公司为其编制招标文件，本工程层数为地上8层，建筑面积为17 609.01 m^2，建筑高度为35.5 m，功能为教学楼。供热热源为校区供热管网，供热方式为连续供热，散热器采纳系统热媒为85/60 ℃热水，地面辐射采暖系统热媒为55/45 ℃热水。共享大厅采用低温热水地面辐射采暖系统，其余部分采用散热器采暖系统。要求施工企业按照招标文件、施工图纸、《通用安装工程工程量计算规范》(GB 50856—2013)、《建设工程工程量清单计价规范》(GB 50500—2013)、企业定额等相关资料编制该工程投标文件。通过本学习情境的学习，能够独立计算采暖管道、支架、管道附件、供暖器具等的工程量，进行分部分项工程清单组价，进而编制工程投标文件，从而胜任安装工程造价工程师岗位工作。

学习目标

1. 知识目标

(1)能够阐述建筑采暖工程工程量计算的主要内容。

(2)能够阐述建筑采暖工程清单项目计量单位，并明确适用情形。

(3)能够阐述建筑采暖工程工程量计算规则。

(4)能够阐述建筑采暖工程工程量计算方法。

(5)能够阐述建筑采暖工程的综合单价组价方法和费用构成。

2. 能力目标

(1)能够熟练识读建筑采暖工程工程施工图。

(2)根据《通用安装工程工程量计算规范》(GB 50856—2013)正确计算建筑采暖工程工程量。

(3)根据《建设工程工程量清单计价规范》(GB 50500—2013)及企业定额完成建筑采暖分部分项工程清单组价。

3. 素质目标

(1)具备认真负责的责任意识，勇挑重担、无私奉献的敬业精神。

(2)具备自主学习能力及现代信息素养。

工作任务

1. 热水采暖系统工程量计算与清单计价　　参考学时：4学时

2. 低温热水地面辐射采暖系统工程量计算与清单计价　　参考学时：4学时

任务1　热水采暖系统工程量计算与清单计价

任 务 单

<table>
<tr><td>学习情境3</td><td colspan="3">建筑采暖工程计量与计价</td><td>任务1</td><td colspan="2">热水采暖系统工程量计算与清单计价</td></tr>
<tr><td>任务学时</td><td colspan="6">4 学时</td></tr>
<tr><td colspan="7">布置任务</td></tr>
<tr><td>任务目标</td><td colspan="6">1. 能够熟练识读热水采暖平面图、系统原理图；
2. 能正确查阅《通用安装工程工程量计算规范》(GB 50856—2013)，完成热水采暖系统计算规则的选择；
3. 能正确计算热水采暖系统管道、支架、附件、供暖器具等工程量；并熟练进行分部分项工程清单组价；
4. 能够在完成任务过程中锻炼职业素养，做到严谨认真、吃苦耐劳、诚实守信</td></tr>
<tr><td>任务描述</td><td colspan="6">根据招标文件、施工图纸等资料，查阅工程量计算规范，正确选择工程量计算规则，计算并核对某工程A栋建筑热水采暖系统工程量，包括：地上1～8层采暖管道、支架、管道部件等的工程量，并详细分析工程量计算过程；根据企业定额、计价规范等资料，进行分部分项工程清单组价
文本
热水采暖系统工程量计算与清单计价施工图</td></tr>
<tr><td rowspan="2">学时安排</td><td>资讯</td><td>计划</td><td>决策</td><td>实施</td><td>检查</td><td>评价</td></tr>
<tr><td>0.5 学时</td><td>0.5 学时</td><td>1 学时</td><td>1 学时</td><td>0.5 学时</td><td>0.5 学时</td></tr>
<tr><td>对学生学习及成果的要求</td><td colspan="6">1. 每名同学均能按照资讯思维导图自主学习；
2. 严格遵守课堂纪律，不迟到、不早退，学习态度认真、端正；
3. 能够熟练识读采暖工程施工图；具备一定的实践动手能力、自学能力、数据计算能力及计算机操作能力；
4. 小组讨论热水采暖系统工程量计算的方案，能够确定热水采暖系统工程量的计算规则，掌握热水采暖系统工程量计算及清单组价方法，能够正确计算热水采暖系统的工程量，正确计算热水采暖系统的清单计价；
5. 积极参与小组工作任务讨论，协作完成课堂任务，具备一定的团队沟通协调能力、语言表达能力和团队意识；
6. 讲解工程量计算及清单组价过程，接受教师与学生的点评，积极参与小组自评与互评</td></tr>
</table>

思维导图

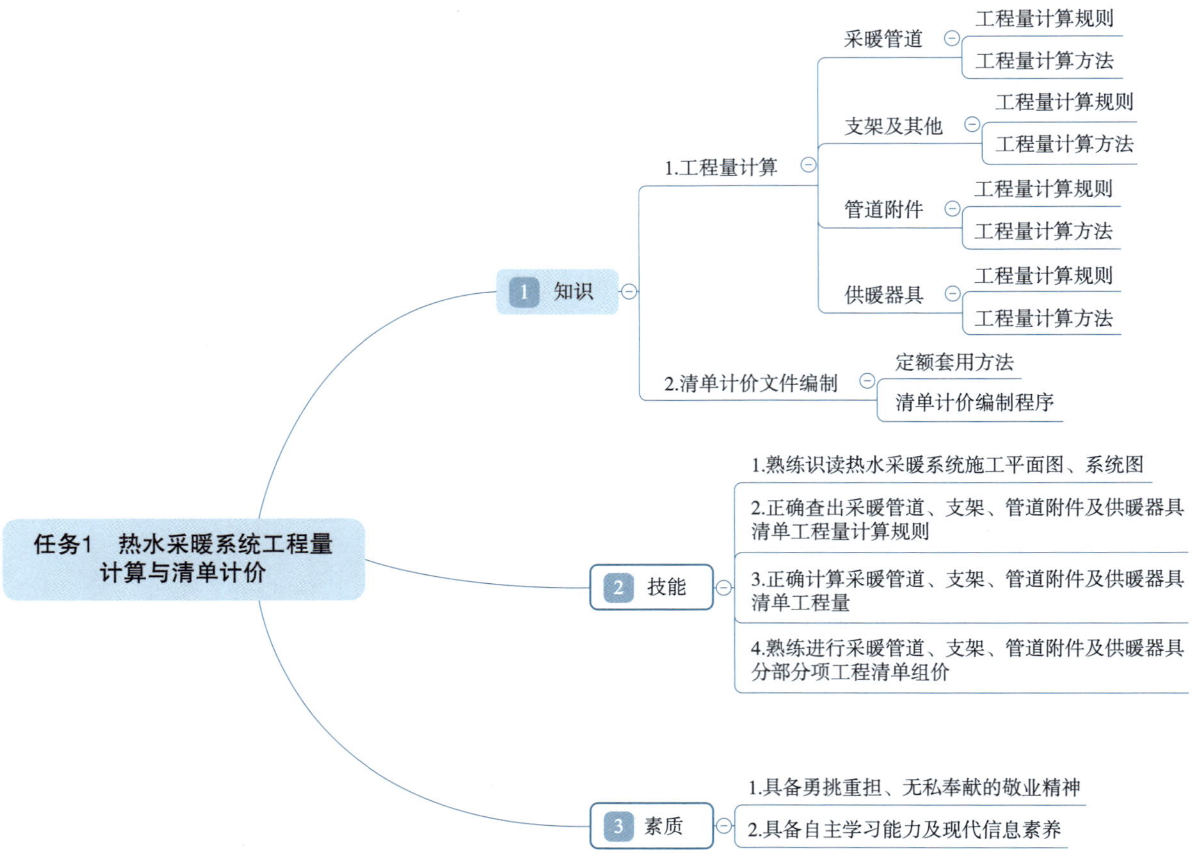

课前自学

【热水采暖系统分部分项清单项目】

《通用安装工程工程量计算规范》(GB 50856—2013)附录J采暖工程中,设置了6个小节58个清单项目,热水采暖系统主要包括采暖管道、支架及其他、管道附件、供暖器具四个小节。

1. 采暖管道

本节设置了11个清单项目:镀锌钢管,钢管,不锈钢管,铜管,铸铁管,塑料管,复合管,直埋式预制保温管,承插缸瓦管,承插水泥管,室外管道碰头。

2. 支架及其他

本节设置了4个清单项目:管道支吊架,设备支吊架,套管,减震装置制作、安装。

3. 管道附件

本节设置了16个清单项目:螺纹阀门,螺纹法兰阀门,焊接法兰阀门,带短管甲乙阀门,减压器,疏水器,除污器(过滤器),补偿器,软接头,法兰,水表,倒流防止器,热量表,塑料排水管消声器,浮标液面计,浮漂水位标尺。

4. 供暖器具

本节设置了8个清单项目:铸铁散热器;钢制散热器;其他成品散热器;光排管散热器制作安装;暖风机,地板辐射采暖,热媒集配装置制作、安装,集气罐制作安装。

知识模块1　热水采暖管道工程量计算与清单计价

一、采暖管道工程量计算规则

给排水、采暖、燃气管道工程量清单项目设置、项目特征描述的内容、计量单位及工程量计算规则，应按学习情境1任务1中表1-1-1的规定执行，此处不再赘述。

二、相关问题及说明

(1)采暖热源管道室内外界限划分：应以建筑物外墙皮1.5 m为界，入口处设阀门者应以阀门为界；与工业管道界限的应以锅炉房或泵站外墙皮1.5 m为界。

(2)凡涉及管沟及井类的土石方开挖、垫层、基础、砌筑、抹灰、井盖板预制安装、回填、运输，路面开挖及修复、管道支墩等，应按《房屋建筑与装饰工程工程量计算规范》《市政工程工程量计算规范》相关项目编码列项。

(3)凡涉及管道、设备及支架除锈、刷油、保温的工作内容，除注明者外，均应按本规范附录L刷油、防腐蚀、绝热工程相关项目编码列项。

(4)凿槽(沟)、打洞项目，应按《通用安装工程工程量计算规范》(GB 50856—2013)附录D电气设备安装工程相关项目编码列项。

三、热水采暖管道工程量计算及清单组价实例

【例3-1-1】　某综合楼采暖系统顶层供水干管布置情况如图3-1-1所示，供水干管采用焊接钢管、螺纹连接；干管穿墙采用镀锌铁皮套管；管道末端安装有自动排气阀DN25，计算采暖管道工程量并进行清单组价。

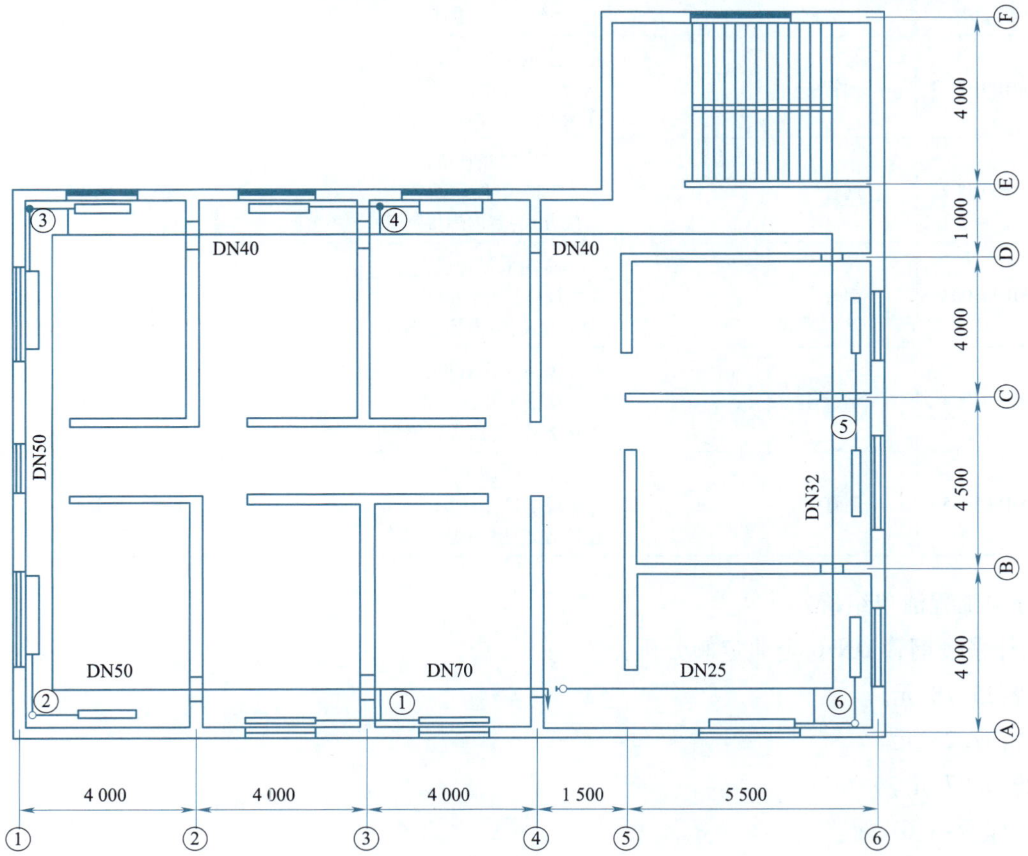

图3-1-1　顶层采暖平面图

1. 工程量计算

表 3-1-1 所示为采暖管道工程量分析计算，表 3-1-2 所示为采暖管道工程量。

表 3-1-1　采暖管道工程量分析计算

序号	名称	单位	分析计算过程	数量	图　例
1	室内采暖管道 DN70	m	4.0 -0.12(半墙厚) -0.1(散热器连接管与墙体距离) +0.12 +0.1	4	
2	室内采暖管道 DN50	m	[(4.0 +4.0)(1 轴 -3 轴轴线距离) +(4.0 +4.5 +4.0)(A 轴 -D 轴的轴线距离) +4.0(C 轴 -D 轴的轴线距离) -0.7(3 轴立管接入干管处距离 1 轴的轴线距离) -0.5(供水干管距 6 轴的距离) +0.4(供水干管距 D 轴的轴线的距离) +0.12 ×3(1.5 个墙体厚度) +0.1(5 轴立管距墙体的距离)] =19 +4 -1.2 +0.4 +0.12 ×3 +0.1	19.92	
3	室内采暖管道 DN40	m	[(4.0 +4.0 +4.0 +1.5 +5.5)](1 轴 -6 轴的轴线距离) +4.0(C 轴 -D 轴的轴线距离) -0.7(3 轴立管接入干管处距离 1 轴的轴线距离) -0.5(供水干管距离 6 轴的轴线距离) +0.4(供水干管距 D 轴的轴线的距离) +0.12 ×3(1.5 个墙体厚度) +0.1(5 轴立管距墙体的距离)] =(19 +4 -1.2 +0.4 +0.12 +0.12 ×3 +0.1)	22.66	
4	室内采暖管道 DN32	m	[(4.0 +4.5)(A 轴 -C 轴的轴线距离) -0.1(5 轴立管与墙体距离) -0.12 -0.5(A 轴 -C 轴的轴线距离) -0.1(5 轴立管距墙体距离) -0.12 -0.5(A 轴线与供水干管距离) +0.2(6 轴立管接出处转弯距离)	7.98	
5	室内采暖管道 DN25	m	5.5(5 轴 -6 轴的轴线间距) -0.7(6 轴立管接出处距 6 轴的轴线的距离) +0.5(引至自动放气阀管长)	5.3	

表 3-1-2　采暖管道工程量

序号	项目编码	项目名称	项目特征描述	单位	工程量	备注
1	031001001001	钢管	室内采暖管道； 规格尺寸：DN70 连接方式：室内焊接钢管	m	4	
2	031001002002	钢管	室内采暖管道； 规格尺寸：DN50 连接方式：室内焊接钢管	m	19.92	
3	031001003003	钢管	室内采暖管道； 规格尺寸：DN40 连接方式：室内焊接钢管	m	22.66	
4	031001004004	钢管	室内采暖管道； 规格尺寸：DN32 连接方式：室内焊接钢管	m	7.98	
5	031001005005	钢管	室内采暖管道； 规格尺寸：DN25 连接方式：室内焊接钢管	m	5.3	

分部分项工程清单组价：

(1)室外采暖钢管 DN70 企业定额分析：

人工费：25.78 元。

材料费：37.23 元。

机械费：4.97 元。

企业管理费：3.61 元。

利润：5.67 元。

综合单价：25.78 +37.23 +4.97 +3.61 +5.67 =77.26(元/m)。

(2)室内采暖钢管 DN50 企业定额分析:
人工费:23.51 元。
材料费:22.5 元。
机械费:4.22 元。
企业管理费:3.29 元。
利润:5.17 元。
综合单价:23.51 +22.5 +4.22 +3.29 +5.17 =58.69(元/m)。
(3)室内采暖钢管 DN40 企业定额分析:
人工费:17.82 元。
材料费:17.38 元。
机械费:2.15 元。
企业管理费:2.5 元。
利润:3.92 元。
综合单价:17.82 +17.38 +2.15 +2.5 +3.92 =43.77(元/m)。
(4)室内采暖钢管 DN32 企业定额分析:
人工费:15.28 元。
材料费:19.77 元。
机械费:1.67 元。
企业管理费:2.14 元。
利润:3.36 元。
综合单价:15.28 +19.77 +1.67 +2.14 +3.36 =42.22(元/m)。
(5)室内采暖钢管 DN25 企业定额分析:
人工费:15.28 元。
材料费:8.09 元。
机械费:1.67 元。
企业管理费:2.14 元。
利润:3.36 元。
综合单价:15.28 +8.09 +1.67 +2.14 +3.36 =30.54(元/m)。
表 3-1-3 所示为分部分项工程清单计价表。

表 3-1-3　分部分项工程清单计价表

序号	项目编码	项目名称	项目特征描述	工程量(m)	综合单价(元/m)	综合合价(元)
1	031001001001	钢管	室内采暖管道; 规格尺寸:DN70 连接方式:室内焊接钢管	4	77.26	309.04
2	031001002002	钢管	室内采暖管道; 规格尺寸:DN50 连接方式:室内焊接钢管	19.92	58.69	1 169.1
3	031001003003	钢管	室内采暖管道; 规格尺寸:DN40 连接方式:室内焊接钢管	22.66	43.77	991.83
4	031001004004	钢管	室内采暖管道; 规格尺寸:DN32 连接方式:室内焊接钢管	7.98	42.22	336.92
5	031001005005	钢管	室内采暖管道; 规格尺寸:DN25 连接方式:室内焊接钢管	5.3	30.54	161.86

忆一忆

热水采暖常用管道材质有哪些？直径如何表示？

知识模块 2　支架工程量计算与清单计价

一、支架及其他工程量计算规则

支架及其他工程量清单项目设置、项目特征描述的内容、计量单位及工程量计算规则，应按学习情境 1 任务 1 中表 1-1-5 的规定执行，此处不再赘述。

二、支架工程量计算及清单组价实例

【例 3-1-2】 某采暖系统顶层供水干管布置情况、管道固定支架及滑动支架位置如图 3-1-2 所示，计算管道支架工程量并进行清单组价。

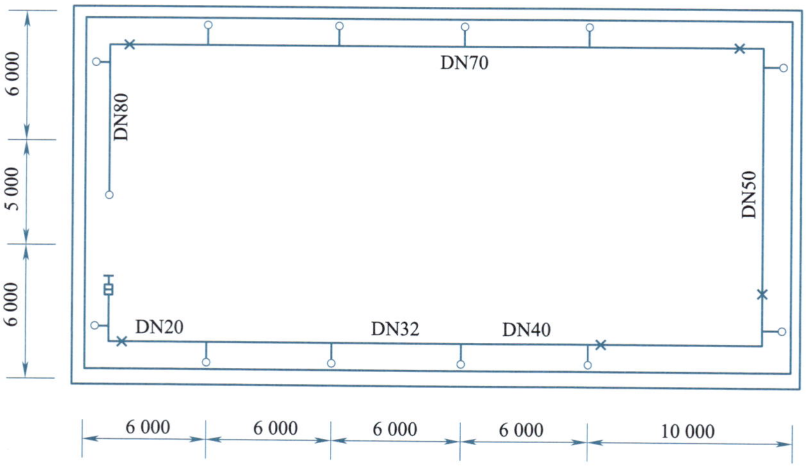

图 3-1-2　顶层采暖平面图

1）计算工程量

（1）固定支架：

DN80：1 个，单重 2.603 kg。

DN70：1 个，单重：1.905 kg。

DN50：2 个，单重：1.331 kg。

DN20：1 个，单重：0.509 kg。

清单工程量：1 ×2.603 +1 ×1.905 +2 ×1.331 +1 ×0.509 =7.68（kg）。

（2）滑动支架：

供水干管 DN80 滑动支架，干管长度为[6.0 +5.0/2 +6.0 ×2 －0.5（横干管距离墙面距离）×2] = 19.5（m）。

DN80 干管支架最大间距为 5 m，故支架个数 =19.5/5 =3.9，取 4 个。

供水干管 DN70 滑动支架干管长度 6.0 ×2 +10.0 －0.5（横干管距墙面距离）+0.2 =21.7（m）。

DN70 干管支架最大间距为 5 m，故支架个数 =21.7/5 =4.34，取 5 个。

供水干管 DN50 滑动支架干管长度 6.0 ×2 +5.0 +10.0 －0.5 ×3 －0.2 =25.3（m）。

DN50 干管支架最大间距为 4 m，故支架个数 =25.3/4 =6.33，取 7 个。

供水干管 DN40 滑动支架干管长度为 6.0 m。

DN40 干管支架最大间距为 3 m，故支架个数 =6/3 =2（个）。

供水干管 DN32 滑动支架干管长度为 $6.0\times 2=12.0$(m)。

DN32 干管支架最大间距为 3 m,故支架个数 $=12/3=4$(个)。

供水干管 DN20 滑动支架干管长度为 $6.0+3.0-0.5=8.5$(m)。

DN32 干管支架最大间距为 2.5 m,故支架个数 $=8.5/2.5=3.4$,取 4 个。

清单工程量:

4×1.128(DN80 单个滑动支架重量)$+5\times 1.078+7\times 0.705+2\times 0.634+4\times 0.634+4\times 0.416=20.31$(kg)。

表 3-1-4 所示为支架工程量分析计算,表 3-1-5 所示为支架工程量计算。

表 3-1-4　支架工程量分析计算

名称	位置	规格尺寸	工程量	单位	图　例
管道支架	固定支架	DN80 DN70 DN50 DN20	7.68	kg	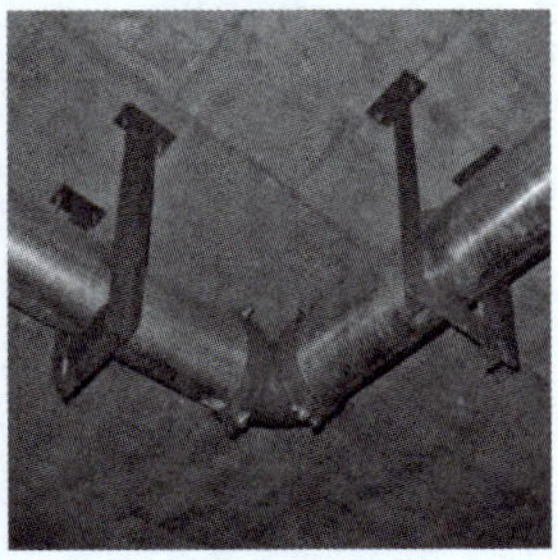
管道支架	滑动支架	DN80 DN70 DN50 DN40 DN32 DN20	20.31	kg	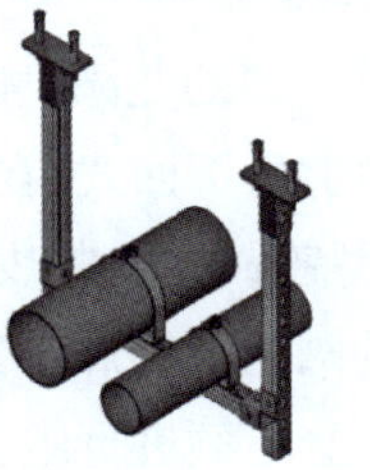

表 3-1-5　支架工程量计算

序号	项目编码	项目名称	项目特征描述	单位	工程量	备注
1	031002001001	管道支架	钢制管道支架;固定支架	kg	7.68	
2	031002001002	管道支架	钢制管道支架;固定支架	kg	20.31	

2)分部分项工程清单组价

(1)固定管道支架企业定额分析:

人工费:5.44 元。

材料费:4.95 元。

机械费:1.82 元。

企业管理费:0.76 元。

利润:1.2 元。

综合单价:$5.44+4.95+1.82+0.76+1.2=14.17$(元/kg)。

(2)滑动管道支架企业定额分析:

人工费:5.44 元。

材料费:4.74 元。

机械费:1.82 元。

企业管理费:0.76 元。

利润:1.2 元。

综合单价:$5.44+4.74+1.82+0.76+1.2=13.96$(元/kg)。

表 3-1-6 所示为分部分项工程清单计价表。

表 3-1-6　分部分项工程清单计价表

序号	项目编码	项目名称	项目特征描述	工程量（kg）	综合单价（元/kg）	综合合价（元）
1	031002001001	管道支架	钢制管道支架;固定支架	7. 68	14. 17	108. 83
2	031002001002	管道支架	钢制管道支架;固定支架	20. 31	13. 96	283. 53

思一思

管道支吊架工程量计量单位采用“kg”时,应采用的工程量计算方法是什么?

知识模块 3　管道附件工程量计算与清单计价

一、管道附件工程量计算规则

管道附件工程量清单项目设置、项目特征描述的内容、计量单位及工程量计算规则,应按学习情境 1 任务 1 中表 1-1-9 的规定执行,此处不再赘述。

二、管道附件工程量计算及清单组价实例

【例 3-1-3】　某幼儿园供暖系统如图 3-1-3 所示,该幼儿园共三层,每层层高均为 2. 8 m,该系统中立管①、②系统采用上供下回式,在供水总干管处安装阀门,每根立管上安装截止阀,系统采用同程式,单管制,选用四柱 760 型铸铁柱型散热器和焊接钢管,供水和回水干管及总立管采用焊接,其余部分采用螺纹连接。DN50 管道上的阀门采用焊接法兰阀门;DN25、DN20 管道上的阀门采用螺纹阀门。试计算该工程管道附件工程量,并用企业定额进行组价。

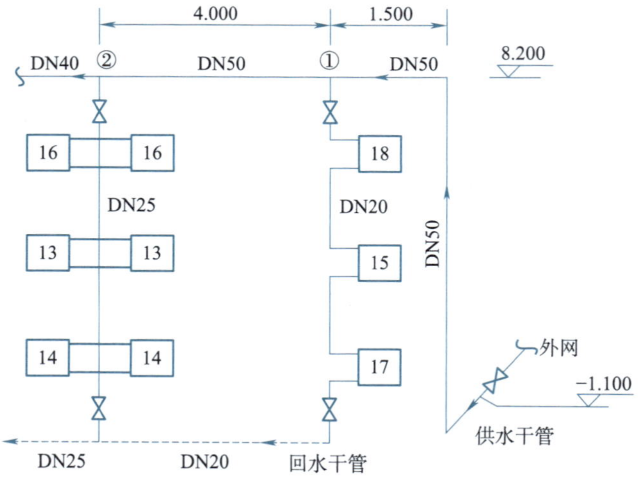

图 3-1-3　某幼儿园供暖系统图

1)计算工程量

表 3-1-7 所示为管道附件工程量分析计算,表 3-1-8 所示为管道附件工程量计算。

表 3-1-7　管道附件工程量分析计算

序号	名称	单位	分析计算过程	数量	图　例
1	焊接法兰阀门 DN50	个	外网进入室内干管处安装一个 DN50 的焊接法兰阀门	1	

续表

序号	名称	单位	分析计算过程	数量	图　例
2	碳钢平焊法兰 DN50	副	每个焊接法兰安装时需要一副法兰片	1	
3	螺纹阀门 DN25	个	立管②的顶端和底端各安装一个 DN25 螺纹阀门	2	
4	螺纹阀门 DN20	个	立管①的顶端和底端各安装一个 DN20 螺纹阀门	2	

表 3-1-8　管道附件工程量计算

序号	项目编码	项目名称	项目特征描述	单位	工程量	备注
1	031003003001	焊接法兰阀门	1. 类型:法兰阀门 2. 材质:铜轴铁壳 3. 规格:DN50 4. 连接形式:法兰连接 5. 焊接方法:平焊	个	1	
2	031003011001	碳钢平焊法兰	1. 材质:碳钢 2. 规格:DN50 3. 焊接方法:平焊	副	1	
3	031001005001	螺纹阀门	室内 DN25	个	2	
4	031001005002	螺纹阀门	室内 DN20	个	2	

2)分部分项工程清单组价

(1)每个焊接法兰阀门(公称直径 50 mm)制作安装费用的企业定额分析:

人工费:24.73 元。

材料费:120.26 元(其中焊接法兰阀门的主材费用:107.57 元)。

机械费:1.48 元。

企业管理费:3.46 元。

利润:5.44 元。

综合单价:24.73 + 120.26 + 1.48 + 3.46 + 5.44 = 155.37(元/个)。

(2)每副碳钢平焊法兰(公称直径 50 mm)安装费用的企业定额分析:

人工费:28.66 元。

材料费:70.12 元(其中碳钢平焊法兰主材费用:59.84 元)。

机械费:5.1 元。

企业管理费:4.01 元。

利润:6.31 元。

综合单价:28.66 + 70.12 + 5.1 + 4.01 + 6.31 = 114.2(元/副)。

(3)每个螺纹阀门(公称直径 25 mm)制作安装费用的企业定额分析:

人工费:10.87 元。

材料费:33.53 元(其中焊接钢管主材费用:26.82 元)。

机械费:1. 14 元。

企业管理费:1. 52 元。

利润:2. 39 元。

综合单价:10. 87 +33. 53 +1. 14 +1. 52 +2. 39 =49. 45(元/个)。

(4)每个螺纹阀门(公称直径 20 mm)制作安装费用的企业定额分析:

人工费:9. 84 元。

材料费:26. 07 元(其中焊接钢管主材费用:21. 2 元)。

机械费:0. 87 元。

企业管理费:1. 38 元。

利润:2. 16 元。

综合单价:9. 84 +26. 07 +0. 87 +1. 38 +2. 16 =40. 32(元/个)。

表 3-1-9 所示为分部分项工程清单计价表。

表 3-1-9　分部分项工程清单计价表

序号	项目编码	项目名称	项目特征描述	工程量	综合单价	综合合价
1	031003003001	焊接法兰阀门	1. 类型:法兰阀门 2. 材质:铜轴铁壳 3. 规格:DN50 4. 连接形式:法兰连接 5. 焊接方法:平焊	1 个	155. 37 元/个	155. 37 元
2	031003011001	碳钢平焊法兰	1. 材质:碳钢 2. 规格:DN50 3. 焊接方法:平焊	1 副	114. 2 元/副	114. 2 元
3	031001005001	螺纹阀门	室内 DN25	2 个	49. 45 元/个	98. 9 元
4	031001005002	螺纹阀门	室内 DN20	2 个	40. 32 元/个	80. 64 元

练一练

任务学习中,2 ~6 层采暖系统中管道附件的工程量如何计算?

知识模块 4　供暖器具管道工程量计算与清单计价

一、供暖器具工程量计算规则

供暖器具工程量清单项目设置、项目特征描述的内容、计量单位及工程量计算规则,应按表 3-1-10 的规定执行。

表 3-1-10　供暖器具(编码:031005)

<table>
<tr><th>项目编码</th><th>项目名称</th><th>项目特征</th><th>计量单位</th><th>工程量计算规则</th><th>工作内容</th></tr>
<tr><td>031005001</td><td>铸铁散热器</td><td>1. 型号、规格
2. 安装方式
3. 托架形式
4. 器具、托架除锈、刷油设计要求</td><td>片(组)</td><td rowspan="3">按设计图示数量计算</td><td>1. 组对、安装
2. 水压试验
3. 托架制作、安装
4. 除锈、刷油</td></tr>
<tr><td>031005002</td><td>钢制散热器</td><td>1. 结构形式
2. 型号、规格
3. 安装方式
4. 托架刷油设计要求</td><td rowspan="2">组(片)</td><td rowspan="2">1. 安装
2. 托架安装
3. 托架刷油</td></tr>
<tr><td>031005003</td><td>其他成品散热器</td><td>1. 材质、类型
2. 型号、规格
3. 托架刷油设计要求</td></tr>
</table>

续表

项目编码	项目名称	项目特征	计量单位	工程量计算规则	工作内容
031005004	光排管散热器制作安装	1. 材质、类型 2. 型号、规格 3. 托架形式及做法 4. 器具、托架除锈、刷油设计要求	m	按设计图示排管长度计算	1. 制作、安装 2. 水压试验 3. 除锈、刷油
031005005	暖风机	1. 质量 2. 型号、规格 3. 安装方式	台	按设计图示数量计算	安装
031005006	地板辐射采暖	1. 保温层及钢丝网设计要求 2. 管道材质 3. 型号、规格 4. 管道固定方式 5. 压力试验及吹扫设计要求	1. m^2 2. m	1. 以 m^2 计量，按设计图示采暖房间净面积计算 2. 以 m 计量，按设计图示管道长度计算	1. 保温层及钢丝网铺设 2. 管道排布、绑扎、固定 3. 与分水器连接 4. 水压试验、冲洗 5. 配合地面浇注
031005007	热媒集配装置制作、安装	1. 材质 2. 规格 3. 附件名称、规格、数量	台	按设计图示数量计算	1. 制作 2. 安装 3. 附件安装
031005008	集气罐制作安装	1. 材质 2. 规格	个		1. 制作 2. 安装

注：
①铸铁散热器，包括拉条制作安装。
②钢制散热器结构形式，包括钢制闭式、板式、壁板式、扁管式及柱式散热器等，应分别列项计算。
③光排管散热器，包括联管制作安装。
④地板辐射采暖，管道固定方式包括固定卡、绑扎等方式；包括与分集水器连接和配合地面浇注用工。

二、供暖器具工程量计算及清单组价实例

【例 3-1-4】　试计算例【例 3-1-3】中供暖器具工程量，并利用企业定额进行清单组价，本例请分别按单片购买现场组对并安装和成组购买现场安装两种方式进行算量和组价。

1）计算工程量

表 3-1-11 所示为供暖器具工程量分析计算，表 3-1-12 所示为工程量计算。

表 3-1-11　供暖器具工程量分析计算

序号	名称	单位	规格	计算式	数量	图　例
1	四柱 760 型铸铁柱型散热器	片		16 × 2 + 13 × 2 + 14 × 2 + 18 + 15 + 17	136	
2	四柱 760 型铸铁柱型散热器	组	每组 13 片	1 + 1	2	
3	四柱 760 型铸铁柱型散热器	组	每组 14 片	1 + 1	2	
4	四柱 760 型铸铁柱型散热器	组	每组 15 片	1	1	
5	四柱 760 型铸铁柱型散热器	组	每组 16 片	1 + 1	2	
6	四柱 760 型铸铁柱型散热器	组	每组 17 片	1	1	
7	四柱 760 型铸铁柱型散热器	组	每组 18 片	1	1	

表 3-1-12 工程量计算

序号	项目编码	项目名称	项目特征描述	单位	工程量	备注
1	031005001001	铸铁散热器	四柱 760 型铸铁柱型散热器	片	50	适用于单片进场，现场组对安装
2	031005001002	铸铁散热器	四柱 760 型铸铁柱型散热器;每组 13 片	组	2	适用于成组购买，现场安装
3	031005001003	铸铁散热器	四柱 760 型铸铁柱型散热器;每组 14 片	组	2	
4	031005001004	铸铁散热器	四柱 760 型铸铁柱型散热器;每组 15 片	组	1	
5	031005001005	铸铁散热器	四柱 760 型铸铁柱型散热器;每组 16 片	组	2	
6	031005001006	铸铁散热器	四柱 760 型铸铁柱型散热器;每组 17 片	组	1	
7	031005001007	铸铁散热器	四柱 760 型铸铁柱型散热器;每组 18 片	组	1	

2)分部分项工程清单组价

(1)每片四柱 760 型铸铁柱型散热器组对安装费用的企业定额分析：

人工费:4. 11 元。

材料费:45. 36 元(其中单片四柱 760 型铸铁散热器主材费用:40. 22 元)。

机械费:0. 02 元。

企业管理费:0. 58 元。

利润:0. 9 元。

综合单价:4. 11 +45. 36 +0. 02 +0. 58 +0. 9 =50. 97(元/片)。

(2)每组四柱 760 型铸铁柱型散热器(每组 13 片)现场安装费用的企业定额分析：

人工费:45. 12 元。

材料费:555. 05 元[其中单组(每组 13 片)四柱 760 型铸铁散热器主材费用:517. 66 元]。

机械费:0. 19 元。

企业管理费:6. 32 元。

利润:9. 93 元。

综合单价:45. 12 +555. 05 +0. 19 +6. 32 +9. 93 =616. 61(元/组)。

(3)每组四柱 760 型铸铁柱型散热器(每组 14 片)现场安装费用的企业定额分析：

人工费:45. 12 元。

材料费:594. 87 元[其中单组(每组 14 片)四柱 760 型铸铁散热器主材费用:557. 48 元]。

机械费:0. 19 元。

企业管理费:6. 32 元。

利润:9. 93 元。

综合单价:45. 12 +594. 87 +0. 19 +6. 32 +9. 93 =656. 43(元/组)。

(4)每组四柱 760 型铸铁柱型散热器(每组 15 片)现场安装费用的企业定额分析：

人工费:45. 12 元。

材料费:634. 69 元[其中单组(每组 15 片)四柱 760 型铸铁散热器主材费用:597. 3 元]。

机械费:0. 19 元。

企业管理费:6. 32 元。

利润:9. 93 元。

综合单价:45. 12 +634. 69 +0. 19 +6. 32 +9. 93 =696. 25(元/组)。

(5)每组四柱 760 型铸铁柱型散热器(每组 16 片)现场安装费用的企业定额分析：

人工费:45. 12 元。

材料费:674. 51 元[其中单组(每组 16 片)四柱 760 型铸铁散热器主材费用:637. 12 元]。

机械费:0. 19 元。

企业管理费:6.32 元。

利润:9.93 元。

综合单价:45.12 +674.51 +0.19 +6.32 +9.93 =736.07(元/组)。

(6)每组四柱760型铸铁柱型散热器(每组17片)现场安装费用的企业定额分析:

人工费:57.42 元。

材料费:721.44 元[其中单组(每组17片)四柱760型铸铁散热器主材费用:676.94 元]。

机械费:0.19 元。

企业管理费:8.04 元。

利润:12.63 元。

综合单价:57.42 +721.44 +0.19 +8.04 +12.63 =799.72(元/组)。

(7)每组四柱760型铸铁柱型散热器(每组18片)现场安装费用的企业定额分析:

人工费:57.42 元。

材料费:761.26 元[其中单组(每组18片)四柱760型铸铁散热器主材费用:716.76 元]。

机械费:0.19 元。

企业管理费:8.04 元。

利润:12.63 元。

综合单价:57.42 +761.26 +0.19 +8.04 +12.63 =839.54(元/组)。

表3-1-13所示为分部分项工程清单计价表。

表3-1-13　分部分项工程清单计价表

序号	项目编码	项目名称	项目特征描述	工程量	综合单价	综合合价	备注
1	031005001001	铸铁散热器	四柱760型铸铁柱型散热器	136片	50.97 元/片	6 931.92 元	适用于单片进场,现场组对安装
2	031005001002	铸铁散热器	四柱760型铸铁柱型散热器;每组13片	2组	616.61 元/组	1 233.22 元	适用于成组购买,现场安装
3	031005001003	铸铁散热器	四柱760型铸铁柱型散热器;每组14片	2组	656.43 元/组	1 312.86 元	
4	031005001004	铸铁散热器	四柱760型铸铁柱型散热器;每组15片	1组	696.25 元/组	696.25 元	
5	031005001005	铸铁散热器	四柱760型铸铁柱型散热器;每组16片	2组	736.07 元/组	1 472.14 元	
6	031005001006	铸铁散热器	四柱760型铸铁柱型散热器;每组17片	1组	799.72 元/组	799.72 元	
7	031005001007	铸铁散热器	四柱760型铸铁柱型散热器;每组18片	1组	839.54 元/组	839.54 元	

思一思

铸铁散热器清单计量单位何时采用“组”,何时采用“片”?

任务实施

根据某企业工程投标需求，依据工程热水采暖系统图、平面图等图纸，以及相关规范、企业定额等资料，计算热水采暖系统工程量，并进行分部分项工程清单组价，其工作程序基本包括如下步骤：

一、熟悉图纸

小组成员在充分了解设计说明的基础上，结合系统图、平面图熟练识读采暖工程施工图，认真区分管径规格、型号、与其他管道的连接方式，以及立管变径长度及变径点、供暖器具类型等，在此基础上计算工程量。

二、选择工程量计算规则，计算工程量

根据《通用安装工程工程量计算规范》(GB 50856—2013)区分项目类别，针对管道、支架、管道附件、供暖器具等具体项目，根据项目特征，选择工程量计算规则，按照工程量计算规则进行工程量计算。

三、复核工程量

每个小组将工程量计算完成后，由小组其他人员进行校核，并与招标单位给定的工程量清单进行复核；小组复核完成后，其他小组对另外五个小组分别复核。

四、确定取费费率

根据黑龙江省住房和城乡建设厅各年度下发建筑安装工程结算参照标准及企业定额确定相应费率。

五、确定分部分项工程综合单价

根据企业定额确定消耗量指标和生产要素单价，确定完成各清单项目实际应发生的工程内容，计算工程内容的工程数量与清单单位的含量：

清单单位含量 =（某工程内容的定额工程量）/清单工程量

计算分部分项工程人工、材料、施工机具使用费，计算企业管理费和利润，汇总计算出分部分项工程综合单价。

笔记栏

【编制热水采暖系统工程量计算及清单计价工作单】

计 划 单

学习情境3	建筑采暖工程计量与计价		任务1	热水采暖系统工程量计算与清单计价
工作方式	组内讨论、团结协作，共同制订计划：小组成员进行工作讨论，确定工作步骤		计划学时	0.5学时
完成人	1.______ 2.______ 3.______ 4.______ 5.______ 6.______			
计划依据：1. 老师给定的工程相关图纸； 2. 工程相关规范； 3. 企业定额				
序号	计划步骤	具体工作内容描述		
1	准备工作 （整理建设工程基本信息，谁去做？）			
2	组织分工 （成立组织，人员具体都完成什么？）			
3	制订两套工程量计算和组价方案 （各有何特点？）			
4	计算工程量 （分析工程量计算过程，谁负责？）			
5	汇总工程量 （汇总什么，如何汇总利于组价？）			
6	分部分项工程清单组价 （谁负责？组成要素是什么？）			
制订计划说明	（写出制订计划中人员为完成任务的主要建议或可以借鉴的建议、需要解释的某一方面）			

决 策 单

学习情境3	建筑采暖工程计量与计价		任务1	热水采暖系统工程量计算与清单计价
决策学时			1学时	
决策目的:确定本小组认为最优的工程量计算及清单组价方案				
方案优劣比对	比对项目	工作方案特点		确定最优方案(画√)
		方案名称1:	方案名称2:	
	计算规则选取是否准确			方案1优□ 方案2优□
	计算分析过程是否精确			
	计算公式准确性			
	组价要素是否全面			
	计算结果正确性			
方案1简介:		方案2简介:		

作 业 单

学习情境3	建筑采暖工程计量与计价	任务1	热水采暖系统工程量计算与清单计价
参加人员	第____组	开始时间：	
	签名：	结束时间：	
序号	工作内容记录 （根据实施的具体工作记录，包括存在的问题及解决方法）	分工 （负责人）	
小结	主要描述完成的成果及是否达到目标	存在的问题	

检 查 单

<table>
<tr><td colspan="2">学习情境 3</td><td>建筑采暖工程计量与计价</td><td colspan="2">任务 1</td><td colspan="3">热水采暖系统工程量计算与清单计价</td></tr>
<tr><td colspan="2">检查学时</td><td>0.5 学时</td><td colspan="5">第____组</td></tr>
<tr><td colspan="2">检查目的及方式</td><td colspan="6">教学过程监控小组的工作情况，如检查等级为不合格，小组需要整改，并拿出整改说明</td></tr>
<tr><td rowspan="2">序号</td><td rowspan="2">检查项目</td><td rowspan="2">检查标准</td><td colspan="5">检查结果分级
（在检查相应的分级框内画“√”）</td></tr>
<tr><td>优秀</td><td>良好</td><td>中等</td><td>合格</td><td>不合格</td></tr>
<tr><td>1</td><td>准备工作</td><td>建设工程基本信息、相关依据材料是否准备完整，学习资源是否查到</td><td></td><td></td><td></td><td></td><td></td></tr>
<tr><td>2</td><td>分工情况</td><td>安排是否合理、全面，分工是否明确</td><td></td><td></td><td></td><td></td><td></td></tr>
<tr><td>3</td><td>工作态度</td><td>小组工作是否积极主动、全员参与</td><td></td><td></td><td></td><td></td><td></td></tr>
<tr><td>4</td><td>纪律出勤</td><td>是否按时完成负责的工作内容，是否遵守工作纪律</td><td></td><td></td><td></td><td></td><td></td></tr>
<tr><td>5</td><td>团队合作</td><td>是否相互协作、互相帮助，成员是否听从指挥</td><td></td><td></td><td></td><td></td><td></td></tr>
<tr><td>6</td><td>创新意识</td><td>任务完成不照搬照抄，看问题具有独到见解、创新思维</td><td></td><td></td><td></td><td></td><td></td></tr>
<tr><td>7</td><td>完成效率</td><td>工作单是否记录完整，是否按照计划完成任务</td><td></td><td></td><td></td><td></td><td></td></tr>
<tr><td>8</td><td>完成质量</td><td>工作单填写是否准确</td><td></td><td></td><td></td><td></td><td></td></tr>
<tr><td>检查评语</td><td colspan="5"></td><td colspan="2">教师签字：</td></tr>
</table>

任务评价

小组工作评价单

<table>
<tr><td>学习情境3</td><td colspan="3">建筑采暖工程计量与计价</td><td>任务1</td><td colspan="4">热水采暖系统工程量计算与清单计价</td></tr>
<tr><td>评价学时</td><td colspan="8">0.5学时</td></tr>
<tr><td>评价类别</td><td>项目</td><td colspan="2">子项目</td><td>个人评价</td><td colspan="2">组内互评</td><td colspan="2">教师评价</td></tr>
<tr><td rowspan="8">专业能力</td><td rowspan="2">准备工作
(10%)</td><td colspan="2">准备工作完整性(5%)</td><td></td><td colspan="2"></td><td colspan="2"></td></tr>
<tr><td colspan="2">工作步骤内容描述(5%)</td><td></td><td colspan="2"></td><td colspan="2"></td></tr>
<tr><td rowspan="2">计算过程
(20%)</td><td colspan="2">计算方法的正确性(10%)</td><td rowspan="2"></td><td colspan="2" rowspan="2"></td><td colspan="2" rowspan="2"></td></tr>
<tr><td colspan="2">计算过程的完整性(10%)</td></tr>
<tr><td rowspan="2">计算结果
(10%)</td><td colspan="2">工程量计算结果的正确性(5%)</td><td rowspan="2"></td><td colspan="2" rowspan="2"></td><td colspan="2" rowspan="2"></td></tr>
<tr><td colspan="2">清单组价结果的正确性(5%)</td></tr>
<tr><td>安全文明
(10%)</td><td colspan="2">工作过程遵守相关要求及注意事项</td><td></td><td colspan="2"></td><td colspan="2"></td></tr>
<tr><td>完成时间
(10%)</td><td colspan="2">在要求时间内完成相关任务，每超5 min扣2分</td><td></td><td colspan="2"></td><td colspan="2"></td></tr>
<tr><td rowspan="2">社会能力</td><td>团结协作
(10%)</td><td colspan="2"></td><td></td><td colspan="2"></td><td colspan="2"></td></tr>
<tr><td>敬业精神
(10%)</td><td colspan="2"></td><td></td><td colspan="2"></td><td colspan="2"></td></tr>
<tr><td rowspan="2">方法能力</td><td>计划能力
(10%)</td><td colspan="2"></td><td></td><td colspan="2"></td><td colspan="2"></td></tr>
<tr><td>决策能力
(10%)</td><td colspan="2"></td><td></td><td colspan="2"></td><td colspan="2"></td></tr>
<tr><td rowspan="2">评价评语</td><td>班　　级</td><td></td><td>姓　　名</td><td></td><td>学号</td><td></td><td>总评</td><td></td></tr>
<tr><td>教师签字</td><td></td><td>第　　组</td><td>组长签字</td><td colspan="2"></td><td>日期</td><td></td></tr>
</table>

小组成员素质评价单

<table>
<tr><td>学习情境 3</td><td colspan="2">建筑采暖工程计量与计价</td><td>任务 1</td><td colspan="4">热水采暖系统工程量计算与清单计价</td></tr>
<tr><td>班　　级</td><td></td><td>第____组</td><td></td><td>成员姓名</td><td colspan="3"></td></tr>
<tr><td>评分说明</td><td colspan="7">每个小组成员评价分为自评和小组其他成员评价两部分，取平均值计算，作为该小组成员的任务评价个人分数。评价项目共设计 5 个，依据评分标准给予合理量化打分。小组成员自评分后，要找小组其他成员以不记名方式打分</td></tr>
<tr><td>评分项目</td><td>评分标准</td><td>自评
（100 分）</td><td>成员 1
（100 分）</td><td>成员 2
（100 分）</td><td>成员 3
（100 分）</td><td>成员 4
（100 分）</td><td>成员 5
（100 分）</td></tr>
<tr><td>核心价值观
（20 分）</td><td>是否践行社会主义核心价值观</td><td></td><td></td><td></td><td></td><td></td><td></td></tr>
<tr><td>工作态度
（20 分）</td><td>是否按时完成负责的工作内容、遵守纪律，是否积极主动参与小组工作且全过程参与，是否吃苦耐劳、具有工匠精神</td><td></td><td></td><td></td><td></td><td></td><td></td></tr>
<tr><td>交流沟通
（20 分）</td><td>是否能良好地表达自己的观点，是否能倾听他人的观点</td><td></td><td></td><td></td><td></td><td></td><td></td></tr>
<tr><td>团队合作
（20 分）</td><td>是否与小组成员合作完成任务，是否做到相互协作、互相帮助、听从指挥</td><td></td><td></td><td></td><td></td><td></td><td></td></tr>
<tr><td>创新意识
（20 分）</td><td>看问题是否能独立思考、提出独到见解，是否能够运用创新思维解决遇到的问题</td><td></td><td></td><td></td><td></td><td></td><td></td></tr>
<tr><td colspan="2">最终小组成员得分</td><td colspan="6"></td></tr>
</table>

课后反思

<table>
<tr><td>学习情境3</td><td colspan="2">建筑采暖工程计量与计价</td><td>任务1</td><td colspan="2">热水采暖系统工程量计算与清单计价</td></tr>
<tr><td>班　　级</td><td></td><td colspan="2">第____组</td><td>成员姓名</td><td></td></tr>
<tr><td>情感反思</td><td colspan="5">通过对本任务的学习和实践,你认为自己在社会主义核心价值观、职业素养、学习和工作态度等方面有哪些需要提高的部分?</td></tr>
<tr><td>知识反思</td><td colspan="5">通过对本任务的学习,你掌握了哪些知识点?请画出思维导图。</td></tr>
<tr><td>技能反思</td><td colspan="5">在完成本任务的学习和实训过程中,你主要掌握了哪些技能?</td></tr>
<tr><td>方法反思</td><td colspan="5">在完成本任务的学习和实践过程中,你主要掌握了哪些分析和解决问题的方法?</td></tr>
</table>

任务 2　低温热水地面辐射采暖系统工程量计算与清单计价

任 务 单

<table>
<tr><td>学习情境 3</td><td colspan="3">建筑采暖工程计量与计价</td><td>任务 2</td><td colspan="2">低温热水地面辐射采暖系统工程量计算与清单计价</td></tr>
<tr><td>任务学时</td><td colspan="6">4 学时</td></tr>
<tr><td colspan="7">布置任务</td></tr>
<tr><td>任务目标</td><td colspan="6">1. 熟练识读供暖平面图、立管系统图、管井详图等图纸;
2. 能正确计算低温热水地面辐射采暖系统管道、供暖器具等工程量;
3. 能熟练进行低温热水地面辐射采暖系统管道、供暖器具等分部分项工程清单组价,并正确分析采暖管道清单组价材料费包含的内容;
4. 能够在完成任务过程中锻炼职业素养,做到严谨认真、吃苦耐劳、诚实守信</td></tr>
<tr><td>任务描述</td><td colspan="6">文本
低温热水地面辐射采暖系统工程量计算与清单计价施工图
根据招标文件、施工图纸等资料,查阅工程量计算规范,正确选择工程量计算规则,计算并核对某工程 A 栋低温热水地面辐射采暖系统工程量,包括:地上 1 层采暖管道、供暖器具等的工程量,并详细分析工程量计算过程;根据企业定额、计价规范等资料,正确分析采暖管道清单组价材料费包含的内容,进行分部分项工程清单组价</td></tr>
<tr><td rowspan="2">学时安排</td><td>资讯</td><td>计划</td><td>决策</td><td>实施</td><td>检查</td><td>评价</td></tr>
<tr><td>0. 5 学时</td><td>0. 5 学时</td><td>1 学时</td><td>1 学时</td><td>0. 5 学时</td><td>0. 5 学时</td></tr>
<tr><td>对学生学习及成果的要求</td><td colspan="6">1. 每名同学均能按照资讯思维导图自主学习;
2. 严格遵守课堂纪律,不迟到、不早退,学习态度认真、端正;
3. 能够熟练识读采暖工程施工图;具备一定的实践动手能力、自学能力、数据计算能力及计算机操作能力;
4. 小组讨论采暖系统工程量计算的方案,能够确定低温热水地面辐射采暖系统工程量的计算规则,掌握工程量计算及清单组价方法,能够正确计算工程量,正确进行清单组价;
5. 积极参与小组工作任务讨论,协作完成课堂任务,具备一定的团队沟通协调能力、语言表达能力和团队意识;
6. 讲解工程量计算及清单组价过程,接受教师与学生的点评,积极参与小组自评与互评</td></tr>
</table>

思维导图

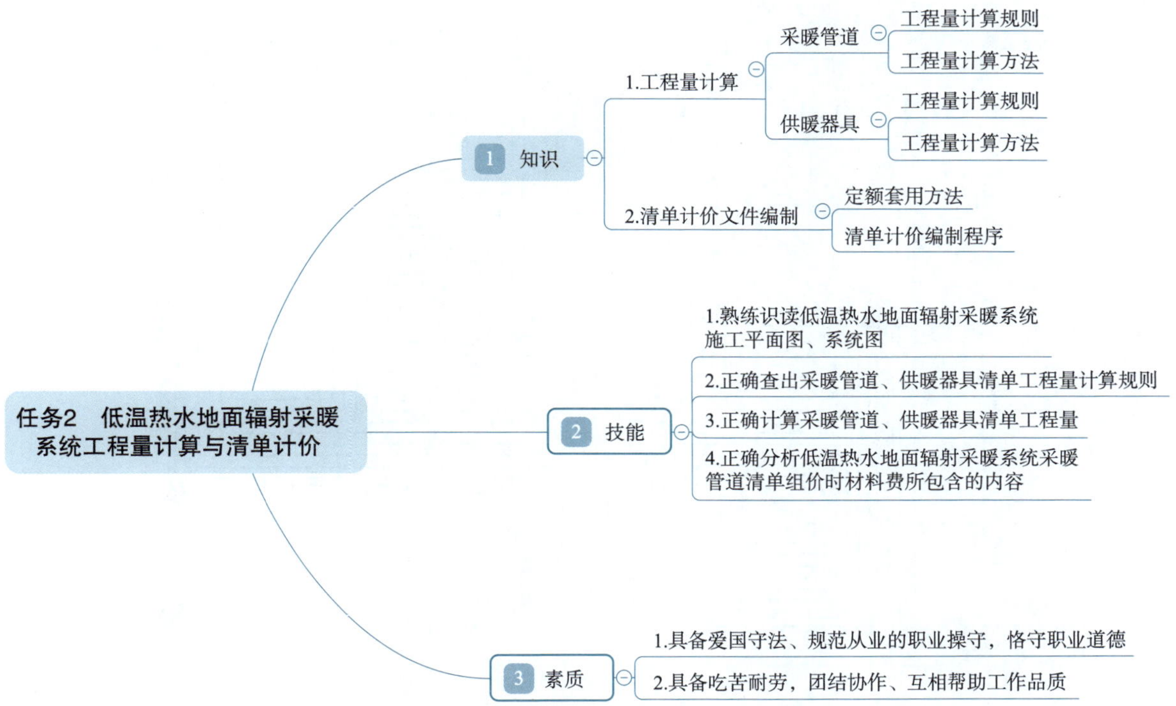

课前自学

【低温热水地面辐射采暖系统分部分项清单项目】

《通用安装工程工程量计算规范》(GB 50856—2013)附录J采暖工程中,设置了6个小节58个清单项目,低温热水地面辐射采暖系统主要包括采暖管道、供暖器具两个小节,其清单常用项目包括地板辐射采暖、热媒集配装置两个部分。

1. 采暖管道

本节设置了11个清单项目:镀锌钢管,钢管,不锈钢管,铜管,铸铁管,塑料管,复合管,直埋式预制保温管,承插缸瓦管,承插水泥管,室外管道碰头。

2. 供暖器具

本节设置了8个清单项目:铸铁散热器;钢制散热器;其他成品散热器;光排管散热器制作安装;暖风机,地板辐射采暖,热媒集配装置制作、安装,集气罐制作安装。

知识模块1 低温热水地面辐射采暖管道工程量计算与清单计价

一、采暖管道工程量计算规则

给排水、采暖、燃气管道工程量清单项目设置、项目特征描述的内容、计量单位及工程量计算规则,应按学习情境1任务1中表1-1-1的规定执行,此处不再赘述。

二、采暖管道工程量计算及清单组价实例

【例3-2-1】 某养老院活动室室内采暖面积为148.29 m^2,采用低温热水地面辐射供暖方式,其供暖平面图图3-2-1所示,其地热采暖构造所用材料如下:

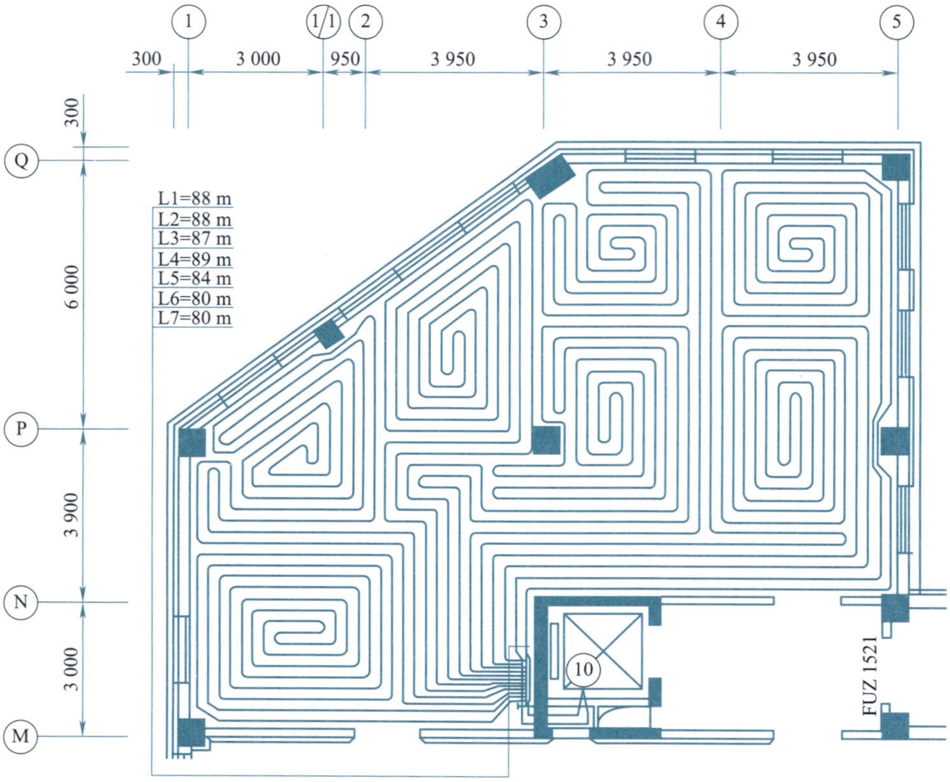

图 3-2-1 养老院活动室地热采暖平面图

(1)管道材料为 PE-RT 管材,规格为 D20 * 2。

(2)保温层材质、厚度:聚苯乙烯泡沫板(20 kg/m^3),30 mm 厚。

(3)钢丝网设计要求:配 ϕ3@50 钢筋网片。

(4)反射膜为真空镀铝聚酯薄膜。

(5)地热细石混凝土 60 mm 预拌混凝土 C15。

(6)边界保温条采用厚度 8 mm、宽度 10 mm 聚苯乙烯保湿条。

试计算其地板辐射采暖工程量并利用企业定额进行组价。

1)计算工程量

表 3-2-1 所示为工程量分析计算。

表 3-2-1 工程量分析计算

序号	名称	规格	计量单位	计算式	工程量	图例
1	PE-RT 管材,规格为 D20 * 2	D20 * 2	m	88 × 2 + 87 + 89 + 84 + 80 × 2	596	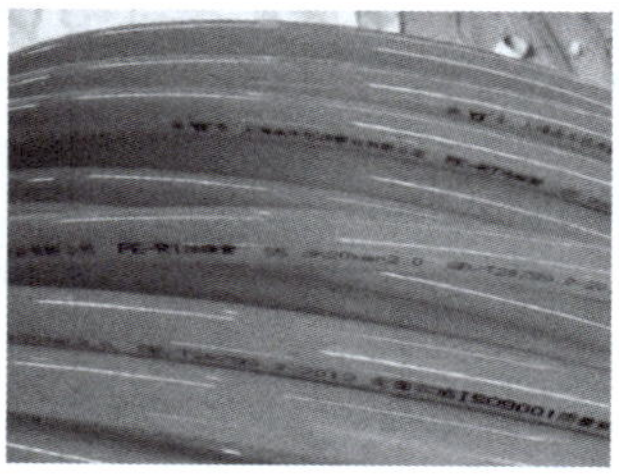
2	聚苯乙烯泡沫板	20 kg/m^3,30 mm 厚	m^2	同室内采暖面积	148.29	

续表

序号	名称	规格	计量单位	计算式	工程量	图　例
3	真空镀铝聚酯薄膜	—	m^2	同室内采暖面积	148.29	
4	钢丝网	ϕ3@50	m^2	同室内采暖面积	148.29	
5	细石混凝土	60 mm 预拌混凝土 C15	m^3	148.29×0.06	8.897	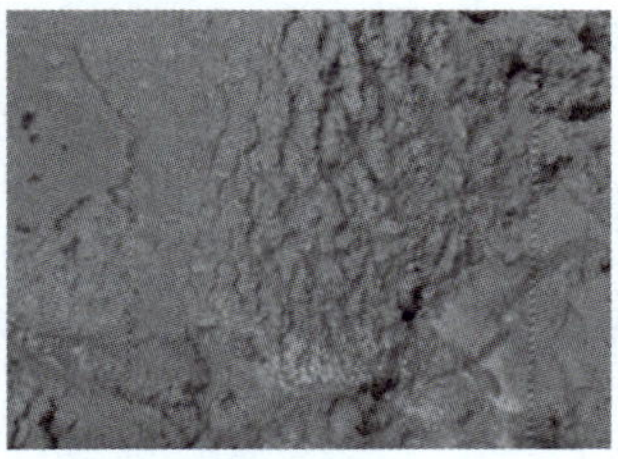
6	聚苯乙烯条	厚度 8 mm，宽度 10 mm	m	同室内周长	54.86	

2)分部分项工程清单组价

表 3-2-2 所示为主材费用分析计算。

表 3-2-2　主材费用分析计算

序号	名　称	规　格	工程量	价格(未含税)	合计
1	PE-RT 管材，规格为 D20 * 2	D20 * 2	596 m	3.5 元/m	2 086.00 元
2	聚苯乙烯泡沫板	20 kg/m^3，30 mm 厚	148.29 m^2	9.79 元/m^2	1 451.76 元
3	真空镀铝聚酯薄膜	—	148.29 m^2	6.69 元/m^2	992.06 元
4	镀锌钢丝网	ϕ3@50	148.29 m^2	11.65 元/m^2	1 727.58 元
5	细石混凝土	60 mm 预拌混凝土 C15	8.897 m^3	395 元/m^3	3 514.32 元
6	聚苯乙烯条	厚度 8 mm，宽度 10 mm	54.86 m	1.66 元/m	91.07 元
合计					9 862.79 元
每平方米采暖面积主材费用					66.51 元

每平方米地热采暖制作安装费用的企业定额分析：

人工费：26.15 元。

材料费：73.37 元(其中主材费用：66.51 元)。

机械费:0. 02 元。

企业管理费:3. 12 元。

利润:4. 12 元。

综合单价:26. 15 +73. 37 +0. 02 +3. 12 +4. 12 =106. 78(元/m^2)。

表 3-2-3 所示为分部分项工程量清单与计价表。

表 3-2-3　分部分项工程量清单与计价表

序号	项目编码	项目名称	项目特征描述	工程量	综合单价	综合合价
1	031005006001	地板辐射采暖	1. 管道材料为 PE-RT 管材,规格为 D20 * 2。 2. 保温层材质、厚度:聚苯乙烯泡沫板(20 kg/m^3),30 mm 厚。 3. 钢丝网设计要求:配 ϕ3@ 50 钢筋网片。 4. 反射膜为真空镀铝聚酯薄膜。 5. 地热细石混凝土 60 mm 预拌混凝土 C15。 6. 边界保温条采用厚度 8 mm,宽度 10 mm 聚苯乙烯保湿条	148. 29 m^2	106. 78 元/m^2	15 834. 41 元

练一练

任务学习中,1 层地面辐射采暖系统管道工程量如何计算?

知识模块 2　供暖器具工程量计算与清单计价

一、供暖器具工程量计算规则

供暖器具工程量清单项目设置、项目特征描述的内容、计量单位及工程量计算规则,应按学习情境 3 任务 1 中表 3-1-10 的规定执行,此处不再赘述。

二、供暖器具工程量计算及清单组价实例

【例 3-2-2】 某小型办公楼一楼大厅室内采暖采用低温热水地面辐射采暖系统,该工程所使用的 5 路分集水器大样图如图 3-2-2 所示,试计算图中所示供暖器具的工程量,并利用企业定额进行组价。

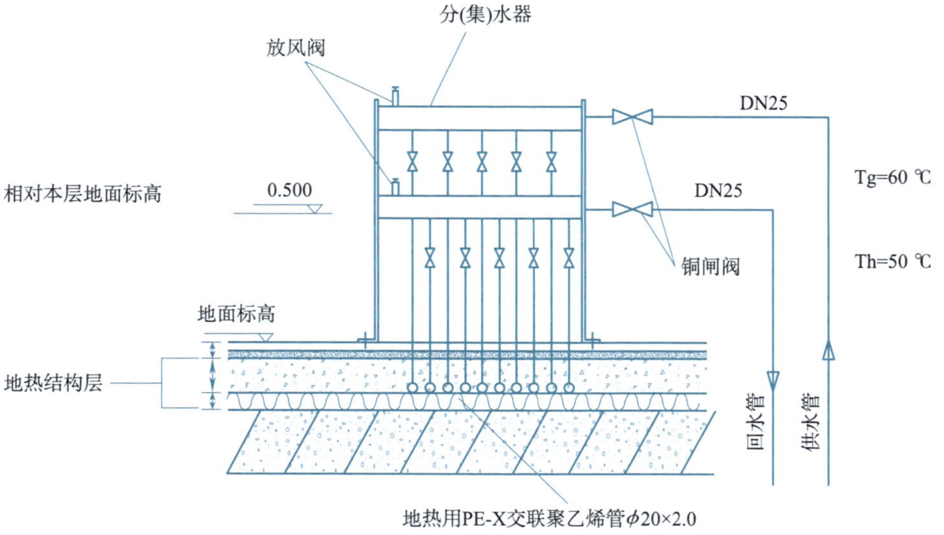

图 3-2-2　地面分(集)水器大样图

1)计算工程量

表 3-2-4 所示为工程量分析计算,表 3-2-5 所示为工程量计算表。

表 3-2-4　工程量分析计算

序号	名称	规格	计量单位	计算式	工程量	图　例
1	分集水器	5 路	个	1	1	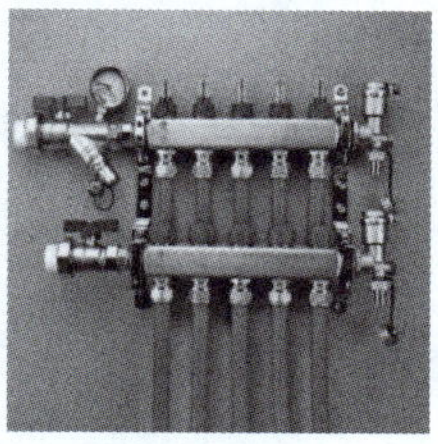
2	螺纹阀门	DN25	个	2	2	

表 3-2-5　工程量计算表

序号	项目编码	项目名称	项目特征描述	单位	工程量	备注
1	031005007001	热媒集配装置	1. 类型:地热分集水器 2. 规格:5 路(分集水器总管口径为 DN25,分集水器为成套产品,包括管接头、堵管接头、手动排气阀)	台	1	
2	031001005003	螺纹阀门	室内 DN25	个	2	

2)分部分项工程清单组价

(1)每台热媒集配装置(5 路分集水器)安装费用的企业定额分析:

人工费:46. 99 元。

材料费:360. 67 元(其中 5 路分集水器主材费用:346. 19 元)。

机械费:0 元。

企业管理费:6. 58 元。

利润:10. 34 元。

综合单价:46. 99 +360. 67 +6. 58 +10. 34 =424. 58(元/台)。

(2)每个螺纹阀门(公称直径 25 mm)制作安装费用的企业定额分析:

人工费:10. 87 元。

材料费:33. 53 元(其中焊接钢管主材费用:26. 82 元)。

机械费:1. 14 元。

企业管理费:1. 52 元。

利润:2. 39 元。

综合单价:10. 87 +33. 53 +1. 14 +1. 52 +2. 39 =49. 45(元/个)。

表 3-2-6 所示为分部分项工程量清单计价表。

表 3-2-6　分部分项工程量清单计价表

序号	项目编码	项目名称	项目特征描述	工程量	综合单价	综合合价
1	031005007001	热媒集配装置	1. 类型:地热分集水器 2. 规格:5 路(分集水器总管口径为 DN25,分集水器为成套产品,包括管接头、堵管接头、手动排气阀)	1 台	424. 58 元/台	424. 58 元
2	031001005001	螺纹阀门	室内 DN25	2 个	49. 45 元/个	98. 90 元

思一思

地板辐射采暖计量单位何时采用“m^2”,何时采用“m”?

任务实施

根据某企业工程投标需求，依据工程采暖系统图、平面图等图纸，以及相关规范、企业定额等资料，计算低温热水地面辐射采暖系统工程量并进行分部分项工程清单组价，其工作程序基本包括如下步骤：

一、熟悉图纸

小组成员在充分了解设计说明的基础上，结合系统图、平面图熟练识读采暖工程施工图，认真区分管径规格、型号，以及与其他管道的连接方式、供暖器具类型等，在此基础上计算工程量。

二、选择工程量计算规则，计算工程量

根据《通用安装工程工程量计算规范》（GB 50856—2013）区分项目类别，针对管道、供暖器具等具体项目，根据项目特征，选择工程量计算规则，按照工程量计算规则进行工程量计算。

三、复核工程量

每个小组将工程量计算完成后，由小组其他人员进行校核，并与招标单位给定的工程量清单进行复核；小组复核完成后，其他小组对另外五个小组分别复核。

四、确定取费费率

根据黑龙江省住房和城乡建设厅各年度下发建筑安装工程结算参照标准及企业定额确定相应费率。

五、确定分部分项工程综合单价

根据企业定额确定消耗量指标和生产要素单价，确定完成各清单项目实际应发生的工程内容，计算工程内容的工程数量与清单单位的含量：

清单单位含量 =（某工程内容的定额工程量）/清单工程量

计算分部分项工程人工、材料、施工机具使用费，在计算材料费时，弄清楚低温热水地面辐射采暖系统所包含的内容，避免遗漏；计算企业管理费和利润，汇总计算出分部分项工程综合单价。

笔记栏

【编制低温热水地面辐射采暖系统工程量计算及清单计价工作单】

计划单

学习情境3	建筑采暖工程计量与计价	任务2	低温热水地面辐射采暖系统工程量计算与清单计价
工作方式	组内讨论、团结协作共同制订计划:小组成员进行工作讨论,确定工作步骤	计划学时	0.5学时
完成人	1. ________ 2. ________ 3. ________ 4. ________ 5. ________ 6. ________		
计划依据:1. 老师给定的工程相关图纸; 2. 工程相关规范; 3. 企业定额			

序号	计划步骤	具体工作内容描述
1	准备工作 (整理建设工程基本信息,谁去做?)	
2	组织分工 (成立组织,人员具体都完成什么?)	
3	制订两套工程量计算和组价方案 (各有何特点?)	
4	计算工程量 (分析工程量计算过程,谁负责?)	
5	汇总工程量 (汇总什么,如何汇总利于组价?)	
6	分部分项工程清单组价 (谁负责? 组成要素是什么?)	
制订计划说明	(写出制订计划中人员为完成任务的主要建议或可以借鉴的建议、需要解释的某一方面)	

决 策 单

学习情境 3	建筑采暖工程计量与计价		任务 2	低温热水地面辐射采暖系统工程量计算与清单计价
决策学时			1 学时	
决策目的:确定本小组认为最优的工程量计算及清单组价方案				
方案优劣比对	比对项目	工作方案特点		确定最优方案(画√)
		方案名称 1:	方案名称 2:	
	计算规则选取是否准确			方案 1 优□
	计算分析过程是否精确			
	计算公式准确性			
	组价要素是否全面			
	计算结果正确性			
方案 1 简介:		方案 2 简介:		方案 2 优□

作 业 单

<table>
<tr><td>学习情境3</td><td>建筑采暖工程计量与计价</td><td>任务2</td><td>低温热水地面辐射采暖系统工程量计算与清单计价</td></tr>
<tr><td rowspan="2">参加人员</td><td colspan="2">第____组</td><td>开始时间：</td></tr>
<tr><td colspan="2">签名：</td><td>结束时间：</td></tr>
<tr><td>序号</td><td colspan="2">工作内容记录
（根据实施的具体工作记录，包括存在的问题及解决方法）</td><td>分工
（负责人）</td></tr>
<tr><td></td><td colspan="2"></td><td></td></tr>
<tr><td></td><td colspan="2"></td><td></td></tr>
<tr><td></td><td colspan="2"></td><td></td></tr>
<tr><td></td><td colspan="2"></td><td></td></tr>
<tr><td></td><td colspan="2"></td><td></td></tr>
<tr><td></td><td colspan="2"></td><td></td></tr>
<tr><td></td><td colspan="2"></td><td></td></tr>
<tr><td></td><td colspan="2"></td><td></td></tr>
<tr><td></td><td colspan="2"></td><td></td></tr>
<tr><td></td><td colspan="2"></td><td></td></tr>
<tr><td></td><td colspan="2"></td><td></td></tr>
<tr><td></td><td colspan="2"></td><td></td></tr>
<tr><td rowspan="2">小结</td><td colspan="2">主要描述完成的成果及是否达到目标</td><td>存在的问题</td></tr>
<tr><td colspan="2"></td><td></td></tr>
</table>

检 查 单

学习情境 3	建筑采暖工程计量与计价		任务 2	低温热水地面辐射采暖系统工程量计算与清单计价			
检查学时		0.5 学时			第____组		
检查目的及方式		教学过程监控小组的工作情况，如检查等级为不合格，小组需要整改，并拿出整改说明					
序号	检查项目	检查标准	检查结果分级 （在检查相应的分级框内画“√”）				
			优秀	良好	中等	合格	不合格
1	准备工作	建设工程基本信息、相关依据材料是否准备完整，学习资源是否查到					
2	分工情况	安排是否合理、全面，分工是否明确					
3	工作态度	小组工作是否积极主动、全员参与					
4	纪律出勤	是否按时完成负责的工作内容，是否遵守工作纪律					
5	团队合作	是否相互协作、互相帮助，成员是否听从指挥					
6	创新意识	任务完成不照搬照抄，看问题具有独到见解、创新思维					
7	完成效率	工作单是否记录完整，是否按照计划完成任务					
8	完成质量	工作单填写是否准确					
检查评语					教师签字：		

任务评价

小组工作评价单

<table>
<tr><td>学习情境3</td><td colspan="3">建筑采暖工程计量与计价</td><td>任务2</td><td colspan="4">低温热水地面辐射采暖系统工程量计算与清单计价</td></tr>
<tr><td>评价学时</td><td colspan="8">0.5 学时</td></tr>
<tr><td>评价类别</td><td>项目</td><td colspan="2">子项目</td><td>个人评价</td><td colspan="2">组内互评</td><td colspan="2">教师评价</td></tr>
<tr><td rowspan="8">专业能力</td><td rowspan="2">准备工作（10%）</td><td colspan="2">准备工作完整性(5%)</td><td></td><td colspan="2"></td><td colspan="2"></td></tr>
<tr><td colspan="2">工作步骤内容描述(5%)</td><td></td><td colspan="2"></td><td colspan="2"></td></tr>
<tr><td rowspan="2">计算过程（20%）</td><td colspan="2">计算方法的正确性(10%)</td><td rowspan="2"></td><td rowspan="2" colspan="2"></td><td rowspan="2" colspan="2"></td></tr>
<tr><td colspan="2">计算过程的完整性(10%)</td></tr>
<tr><td rowspan="2">计算结果（10%）</td><td colspan="2">工程量计算结果的正确性(5%)</td><td rowspan="2"></td><td rowspan="2" colspan="2"></td><td rowspan="2" colspan="2"></td></tr>
<tr><td colspan="2">清单组价结果的正确性(5%)</td></tr>
<tr><td>安全文明（10%）</td><td colspan="2">工作过程遵守相关要求及注意事项</td><td></td><td colspan="2"></td><td colspan="2"></td></tr>
<tr><td>完成时间（10%）</td><td colspan="2">在要求时间内完成相关任务，每超5 min扣2分</td><td></td><td colspan="2"></td><td colspan="2"></td></tr>
<tr><td rowspan="2">社会能力</td><td>团结协作（10%）</td><td colspan="2"></td><td></td><td colspan="2"></td><td colspan="2"></td></tr>
<tr><td>敬业精神（10%）</td><td colspan="2"></td><td></td><td colspan="2"></td><td colspan="2"></td></tr>
<tr><td rowspan="2">方法能力</td><td>计划能力（10%）</td><td colspan="2"></td><td></td><td colspan="2"></td><td colspan="2"></td></tr>
<tr><td>决策能力（10%）</td><td colspan="2"></td><td></td><td colspan="2"></td><td colspan="2"></td></tr>
<tr><td rowspan="2">评价评语</td><td>班　　级</td><td></td><td>姓　　名</td><td></td><td>学号</td><td></td><td>总评</td><td></td></tr>
<tr><td>教师签字</td><td></td><td>第　　组</td><td>组长签字</td><td colspan="2"></td><td>日期</td><td></td></tr>
</table>

小组成员素质评价单

学习情境3	建筑采暖工程计量与计价			任务2	低温热水地面辐射采暖系统工程量计算与清单计价		
班级		第____组			成员姓名		
评分说明	每个小组成员评价分为自评和小组其他成员评价两部分，取平均值计算，作为该小组成员的任务评价个人分数。评价项目共设计5个，依据评分标准给予合理量化打分。小组成员自评分后，要找小组其他成员以不记名方式打分						
评分项目	评分标准	自评（100分）	成员1（100分）	成员2（100分）	成员3（100分）	成员4（100分）	成员5（100分）
核心价值观（20分）	是否践行社会主义核心价值观						
工作态度（20分）	是否按时完成负责的工作内容、遵守纪律，是否积极主动参与小组工作且全过程参与，是否吃苦耐劳、具有工匠精神						
交流沟通（20分）	是否能良好地表达自己的观点，是否能倾听他人的观点						
团队合作（20分）	是否与小组成员合作完成任务，是否做到相互协作、互相帮助、听从指挥						
创新意识（20分）	看问题是否能独立思考、提出独到见解，是否能够运用创新思维解决遇到的问题						
最终小组成员得分							

课 后 反 思

学习情境3	建筑采暖工程计量与计价		任务2	低温热水地面辐射采暖系统工程量计算与清单计价
班　　级		第____组	成员姓名	
情感反思	通过对本任务的学习和实践,你认为自己在社会主义核心价值观、职业素养、学习和工作态度等方面有哪些需要提高的部分?			
知识反思	通过对本任务的学习,你掌握了哪些知识点?请画出思维导图。			
技能反思	在完成本任务的学习和实训过程中,你主要掌握了哪些技能?			
方法反思	在完成本任务的学习和实践过程中,你主要掌握了哪些分析和解决问题的方法?			

学习情境 4

建筑电气工程计量与计价

学习指南

情境导入

甲建筑工程施工企业拟参加B工程建筑电气工程投标，建设单位委托某咨询公司为其编制招标文件，本工程地上一层，地下一层，占地面积为2 310 m^2，地上建筑面积为2 310 m^2，建筑高度为10.2 m，建筑结构形式为框架结构。要求施工企业按照招标文件、施工图纸、《通用安装工程工程量计算规范》(GB 50856—2013)、《建设工程工程量清单计价规范》(GB 50500—2013)、企业定额等相关资料编制该工程投标文件。通过本学习情境的学习，能够独立计算控制设备、配管配线、照明灯具、电缆、避雷网、避雷引下线等的工程量，进行分部分项工程清单组价，进而编制工程投标文件，从而胜任安装工程造价工程师岗位工作。

学习目标

1. 知识目标

(1)能够阐述建筑电气工程工程量计算的主要内容。

(2)能够阐述建筑电气工程工程量计算规则。

(3)能够阐述建筑电气工程工程量计算方法。

(4)能够阐述建筑电气工程的综合单价组价方法和费用构成。

(5)能够总结出清单工程量检查与审查的基本流程和方法。

2. 能力目标

(1)能熟练识读建筑电气工程工程施工图。

(2)根据《通用安装工程工程量计算规范》(GB 50856—2013)完成建筑电气工程工程量计算。

(3)根据《建设工程工程量清单计价规范》(GB 50500—2013)及企业定额等计价依据进行建筑电气分部分项工程清单组价。

3. 素质目标

(1)恪守职业道德，遵守职业准则。

(2)具备精益求精、严谨细致、一丝不苟的工作态度。

(3)具备自主学习能力及现代信息素养。

工作任务

1. 电气照明系统工程量计算及清单计价	参考学时：5 学时
2. 动力系统工程量计算及清单计价	参考学时：4 学时
3. 建筑防雷接地系统工程量计算及清单计价	参考学时：4 学时

任务1　电气照明系统工程量计算与清单计价

任 务 单

<table>
<tr><td>学习情境4</td><td colspan="3">建筑电气工程计量与计价</td><td>任务1</td><td colspan="2">电气照明系统工程量计算与清单计价</td></tr>
<tr><td>任务学时</td><td colspan="6">5学时</td></tr>
<tr><td colspan="7">布置任务</td></tr>
<tr><td>任务目标</td><td colspan="6">1. 能熟练识读建筑电气照明平面图、配电箱系统图；
2. 能准确查阅《通用安装工程工程量计算规范》(GB 50856—2013)，完成电气照明系统控制设备、配管和配线、照明灯具工程量计算规则的选择；
3. 能正确计算控制设备、配管和配线、照明灯具工程量，并熟练进行分部分项工程清单组价；
4. 能够在完成任务过程中锻炼职业素养，做到团结合作、严谨细致、吃苦耐劳、诚实守信</td></tr>
<tr><td>任务描述</td><td colspan="6">根据招标文件、施工图纸等资料，查阅工程量计算规范，正确选择工程量计算规则，计算并核对该工程电气照明系统工程量，包括地上一层、地下一层照明配电箱、开关、插座、配管、配线、照明灯具等的工程量，并详细分析工程量计算过程；根据企业定额、计价规范等资料，进行分部分项工程清单组价
文本
电气照明系统工程量计算与清单计价施工图</td></tr>
<tr><td rowspan="2">学时安排</td><td>资讯</td><td>计划</td><td>决策</td><td>实施</td><td>检查</td><td>评价</td></tr>
<tr><td>0.5学时</td><td>0.5学时</td><td>1学时</td><td>2学时</td><td>0.5学时</td><td>0.5学时</td></tr>
<tr><td>对学生学习及成果的要求</td><td colspan="6">1. 每名同学均能按照资讯思维导图自主学习；
2. 严格遵守课堂纪律，不迟到、不早退，学习态度认真、端正；
3. 能够熟练识读电气工程施工图；具备一定的实践动手能力、自学能力、数据计算能力及计算机操作能力；
4. 小组讨论电气照明系统工程量计算的方案，能够确定电气照明系统工程量的计算规则，掌握工程量计算及清单组价方法，能够正确计算工程量并进行清单组价；
5. 积极参与小组工作任务讨论，协作完成课堂任务，具备一定的团队沟通协调能力、语言表达能力和团队意识；
6. 讲解工程量计算及清单组价过程，接受教师与学生的点评，积极参与小组自评与互评</td></tr>
</table>

思维导图

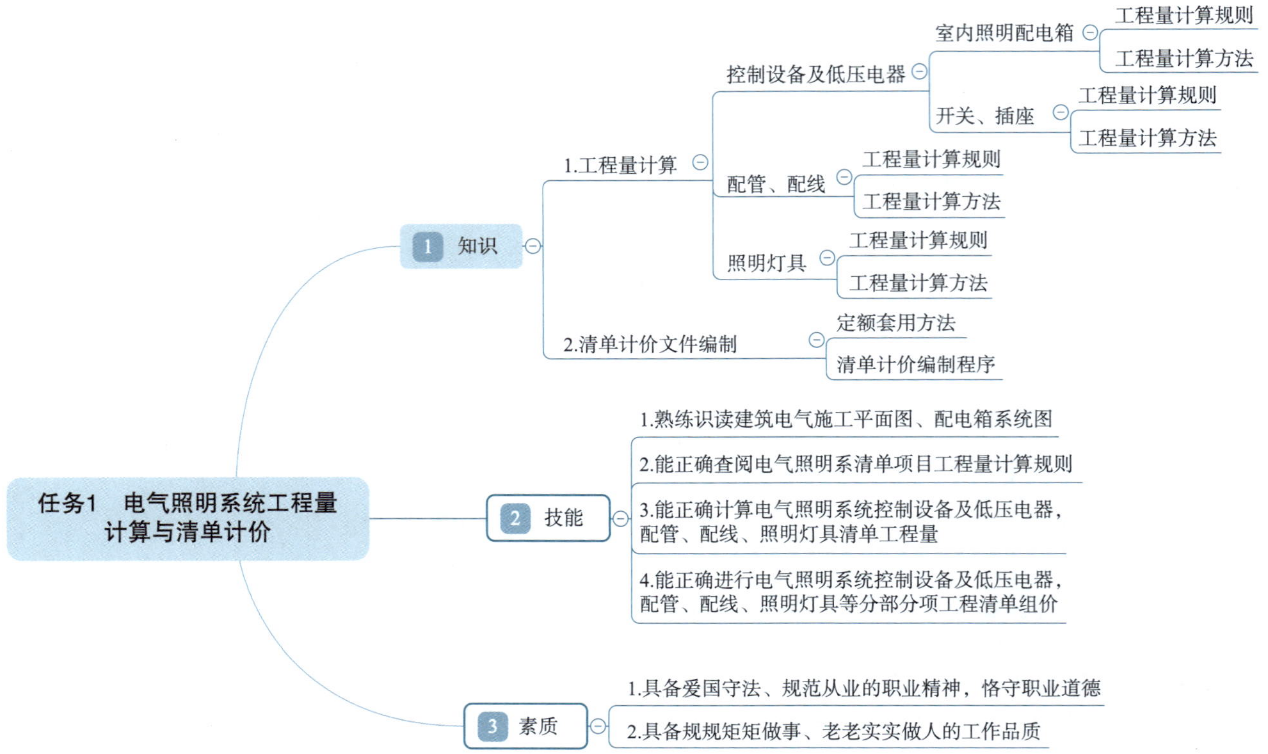

课前自学

【电气照明系统分部分项清单项目】

《通用安装工程工程量计算规范》(GB 50856—2013)附录 D 电气设备安装工程中,设置了 14 个小节 149 个清单项目,电气照明系统主要包括:控制设备及低压电器、配管和配线,照明灯具三个小节。

1. 控制设备及低压电器

本节主要按照适用情形的不同,设置了 36 个清单项目:控制屏,继电、信号屏,模拟屏,低压开关柜(屏),弱电控制返回屏,箱式配电室,硅整流柜,可控硅柜,低压电容器柜,自动调节励磁屏,励磁灭磁屏,蓄电池屏(柜),直流馈电屏,事故照明切换屏,控制台,控制箱,配电箱,插座箱,控制开关,低压熔断器,限位开关,控制器,接触器,磁力启动器,Y-△自耦减压启动器,电磁铁(电磁制动器),快速自动开关,电阻器,油浸频敏变阻器,分流器,小电器,端子箱,风扇,照明开关,插座,其他电器。

2. 配管、配线

本节主要按照安装方式的不同,设置了 6 个清单项目:配管、线槽、桥架、配线、接线箱、接线盒。

3. 照明灯具

本节主要按照灯具种类及安装方式的不同,设置了 11 个清单项目:普通灯具、工厂灯、高度标志(障碍)灯、装饰灯、荧光灯、医疗专用灯、一般路灯、中杆灯、高杆灯、桥栏杆灯、地道涵洞灯。

知识模块 1　控制设备及低压电器工程量计算与清单计价

一、控制设备及低压电器工程量计算规则

控制设备及低压电器工程量清单项目设置、项目特征描述的内容、计量单位及工程量计算规则,应按

表 4-1-1 的规定执行。

表 4-1-1　控制设备及低压电器安装(编码:030404)

<table>
<tr><th>项目编码</th><th>项目名称</th><th>项目特征</th><th>计量单位</th><th>工程量计算规则</th><th>工作内容</th></tr>
<tr><td>030404016</td><td>控制箱</td><td rowspan="2">1. 名称
2. 型号
3. 规格
4. 基础形式、材质、规格
5. 接线端子材质、规格
6. 端子板外部接线材质、规格
7. 安装方式</td><td rowspan="3">台</td><td rowspan="3">按设计图示数量计算</td><td rowspan="2">1. 本体安装
2. 基础型钢制作、安装
3. 焊、压接线端子
4. 端子接线
5. 补刷(喷)油漆
6. 接地</td></tr>
<tr><td>030404017</td><td>配电箱</td></tr>
<tr><td>030404018</td><td>插座箱</td><td>1. 名称
2. 型号
3. 规格
4. 安装方式</td><td>本体安装</td></tr>
<tr><td>030404034</td><td>照明开关</td><td rowspan="2">1. 名称
2. 材质
3. 规格
4. 安装方式</td><td rowspan="2">个</td><td rowspan="3"></td><td>1. 开关安装
2. 接线</td></tr>
<tr><td>030404035</td><td>插座</td><td>1. 插座安装
2. 接线</td></tr>
<tr><td>030404036</td><td>其他电器</td><td>1. 名称
2. 规格
3. 安装方式</td><td>个
(套、台)</td><td>1. 安装
2. 接线</td></tr>
</table>

注:

①控制开关包括:自动空气开关、刀型开关、铁壳开关、胶盖刀闸开关、组合控制开关、万能转换开关、风机盘管三速开关、漏电保护开关等。

②小电器包括:按钮、电笛、电铃、水位电气信号装置、测量表计、继电器、电磁锁、屏上辅助设备、辅助电压互感器、小型安全变压器等。

③其他电器安装指:本节未列的电器项目。

④其他电器必须根据电器实际名称确定项目名称,明确描述工作内容、项目特征、计量单位、计算规则。

二、清单相关问题及说明

表 4-1-1 适用于控制设备、各种控制屏、继电信号屏、模拟屏、配电室、整流柜、电气屏(柜)、成套配电箱、控制箱等;低压电器,以及各种控制开关、控制器、接触器、启动器及现阶段大量使用的集装箱式配电室等控制设备及低压电器安装工程的工程量清单项目设置与计量。

1. 清单项目的设置与计量

表 4-1-1 的清单项目的特征——名称、型号、规格,而且特征中的名称即实体名称,所以设备就是项目的名称,只需表述其型号和规格就可以确定其具体编码,项目名称的设置很直观、简单。

2. 其他相关说明

(1)清单项目描述时,对各种铁构件如需镀锌、镀锡、喷塑等,需予以描述,以便计价。

(2)凡导线进出屏、柜、箱、低压电器的,该清单项目描述时均应描述是否要焊、(压)接线端子。而电缆进出屏、柜、箱、低压电器的,可不描述焊、(压)接线端子,已综合在电缆敷设的清单项目中。

(3)凡需做盘(屏、柜)配线的清单项目必须予以描述。

(4)盘、柜、屏、箱等进出线的预留量(按设计要求或施工验收规范规定的长度)均不作为实物量,但必须在综合单价中体现。

三、控制设备及低压电器工程量计算及清单组价实例

1. 室内照明配电箱工程量计算及清单组价实例

配电控制设备有配电箱、配电盘、配电板等。在建筑照明工程中,最常用的控制设备是照明配电箱,它是用户用电设备的供电和配电点,是控制室内电源的设施。

【例 4-1-1】　某工程局部照明系统图如图 4-1-1 所示,局部照明平面图如图 4-1-2 所示,试计算其配电

箱工程量并进行清单组价。

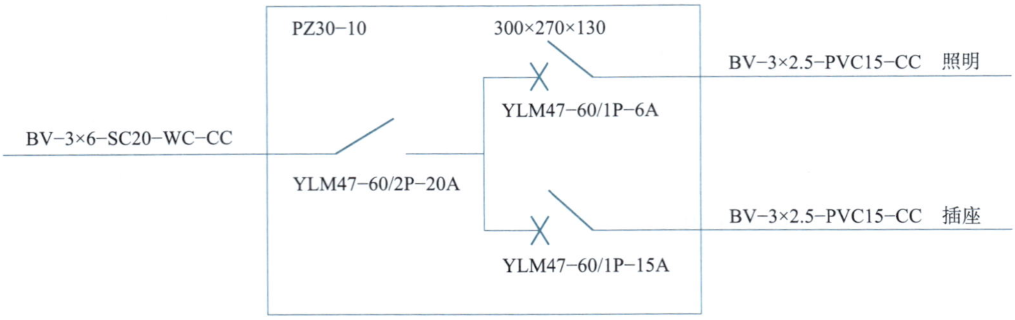

图 4-1-1 某工程局部照明系统图

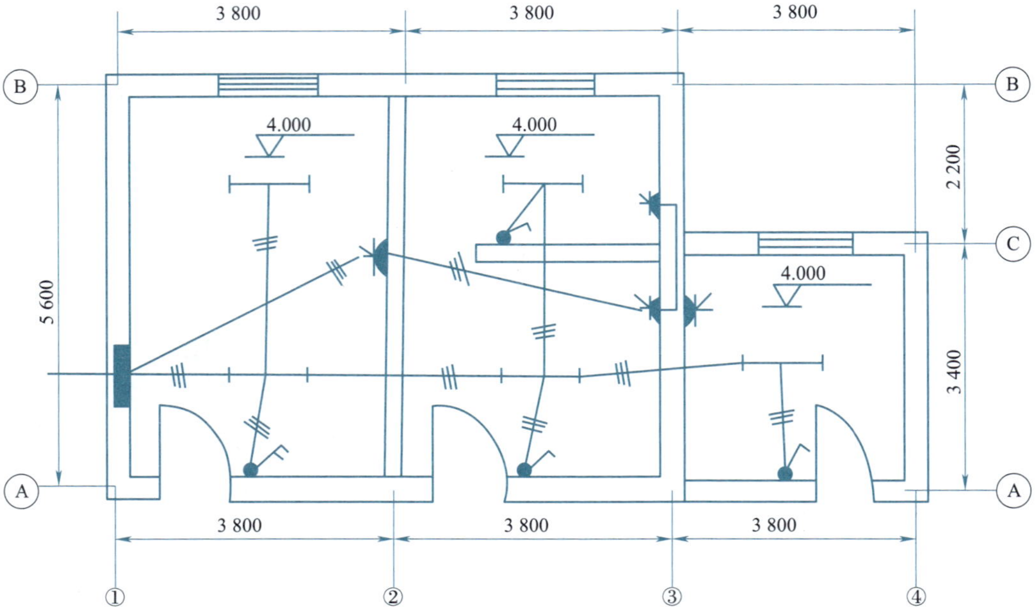

图 4-1-2 某工程局部照明系统图

1）配电箱工程量计算

根据清单工程量计算规则，室内照明配电箱工程量分析计算结果见表 4-1-2。

表 4-1-2 配电箱工程量计算表

序号	计算项目	名称	规格、材质	单位	计算式	工程量	图 例
1	配电箱	1AL1	500×600×150	个	1	1	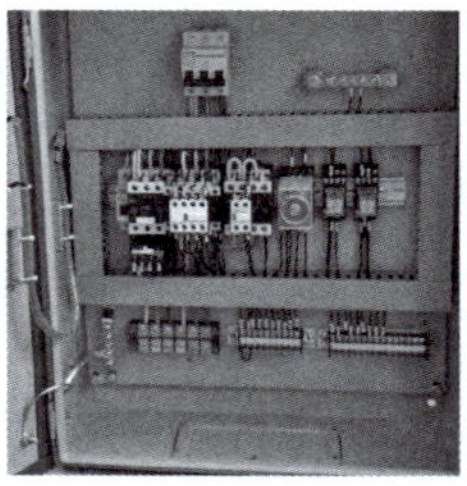

2）分部分项工程清单组价

综合单价组价：

1AL1 安装费企业定额分析：

人工费：105.47 元。

材料费：1 963.74 元（其中配电箱主材费：1 910 元）。

机械费:0 元。

企业管理费:15.1 元。

利润:26 元。

综合单价:105.47 +1 963.74 +15.1 +26 =2 110.31(元/台)。

表 4-1-3 所示为分部分项工程清单计价表。

表 4-1-3　分部分项工程清单计价表

序号	项目编码	项目名称	项目特征描述	工程量	综合单价	综合合价
1	030404017001	配电箱	1. 名称:1AL1 2. 规格:500×600×150 3. 安装方式:距地 1.8 m,暗装	1 台	2 110.31 元/台	2 110.31 元

2. 开关、插座计算及清单组价实例

【例 4-1-2】　试计算【例 4-1-1】中开关、插座平面图中插座工程量并进行清单组价。

1)开关、插座工程量计算

根据清单工程量计算规则,开关、插座工程量计算结果见表 4-1-4。

表 4-1-4　工程量计算表

序号	计算项目	名称	规格、材质	单位	计算式	工程量	图　例
1	控制设备及低压电器	单联单控开关	1. 名称:单联单控开关 2. 安装方式:距地 1.3 m,暗装	个	1+1+1	3	
2	控制设备及低压电器	双联单控开关	1. 名称:双联单控开关 2. 安装方式:距地 1.3 m,暗装	个	1	1	
3	控制设备及低压电器	普通插座	220 V,10 A	个	1×4	4	

2)分部分项工程清单组价

综合单价组价:

(1)单联单控开关(220 V,10 A)安装费企业定额分析:

人工费:7.32 元。

材料费:23.2 元(其中单联单控开关主材费用:21 元)。

机械费:0 元。

企业管理费:1.21 元。

利润:1.21 元。

综合单价:7.32 +23.2 +1.21 +1.21 =32.94(元/个)。

(2)双单联单控开关(220 V,10 A)安装费企业定额分析:

人工费:7.85 元。

材料费:27.2 元(其中双单联单控开关主材费用:25 元)。

机械费:0 元。

企业管理费:1.21 元。

利润:1.21 元。

综合单价:7.85 +27.2 +1.21 +1.21 =37.47(元/个)。

(3)普通插座(220 V,10 A)安装费企业定额分析:

人工费:6.72 元。

材料费:16.35 元 (其中普通插座主材费用:15.02 元)。

机械费:0 元。

企业管理费:1.21 元。

利润:1.21 元。

综合单价:6.72 +16.35 +1.21 +1.21 =25.49(元/个)。

表 4-1-5 所示为分部分项工程清单计价表。

表 4-1-5　分部分项工程清单计价表

序号	项目编码	项目名称	项目特征描述	工程量(个)	综合单价(元/个)	综合合价(元)
1	030404034001	照明开关	1. 名称:单联单控开关 2. 安装方式:距地 1.3 m,暗装	3	32.94	823.5
2	030404034002	照明开关	1. 名称:双联单控开关 2. 安装方式:距地 1.3 m,暗装	1	37.47	786.87
3	030404035001	插座	1. 名称:普通插座 2. 规格:220 V,10 A 3. 安装形式:距地 0.5 m,暗装	4	25.49	2 141.16

忆一忆

单联单控开关的含义是什么?

知识模块 2　配管、配线工程量计算与清单计价

一、配管、配线工程量计算规则

配管、配线工程量清单项目设置、项目特征描述的内容、计量单位及工程量计算规则,应按表 4-1-6 的规定执行。

表 4-1-6　配管、配线(编码:030412)

项目编码	项目名称	项目特征	计量单位	工程量计算规则	工作内容
030412001	配管	1. 名称 2. 材质 3. 规格 4. 配置形式 5. 接地要求 6. 钢索材质、规格	m	按设计图示尺寸以长度计算	1. 电线管路敷设 2. 钢索架设(拉紧装置安装) 3. 预留沟槽 4. 接地
030412002	线槽	1. 名称 2. 材质 3. 规格			1. 本体安装 2. 补刷(喷)油漆

续表

项目编码	项目名称	项目特征	计量单位	工程量计算规则	工作内容
030412003	桥架	1. 名称 2. 型号 3. 规格 4. 材质 5. 类型 6. 接地	m	按设计图示尺寸以长度计算	1. 本体安装 2. 接地
030412004	配线	1. 名称 2. 配线形式 3. 型号 4. 规格 5. 材质 6. 配线部位 7. 配线线制 8. 钢索材质、规格	m	按设计图示尺寸以单线长度计算	1. 配线 2. 钢索架设(拉紧装置安装) 3. 支持体(夹板、绝缘子、槽板等)安装
030412005	接线箱	1. 名称 2. 材质 3. 规格 4. 安装形式	个	按设计图示数量计算	本体安装
030412006	接线盒				

注：

①配管、线槽安装不扣除管路中间的接线箱(盒)、灯头盒、开关盒所占长度。

②配管名称指:电线管、钢管、防爆管、塑料管、软管、波纹管等。

③配管配置形式指:明配、暗配、吊顶内、钢结构支架、钢索配管、埋地敷设、水下敷设、砌筑沟内敷设等。

④配线名称指:管内穿线、瓷夹板配线、塑料夹板配线、绝缘子配线、槽板配线、塑料护套配线、线槽配线、车间带形母线等。

⑤配线形式指:照明线路、动力线路、木结构、顶棚内、砖、混凝土结构、沿支架、钢索、屋架、梁、柱、墙、跨屋架、梁、柱。

⑥配线保护管遇到下列情况之一时,应增设管路接线盒和拉线盒:管长度每超过 30 m,无弯曲;管长度每超过 20 m,有 1 个弯曲;管长度每超过 15 m,有 2 个弯曲;管长度每超过 8 m,有 3 个弯曲。垂直敷设的电线保护管遇到下列情况之一时,应增设固定导线用的拉线盒:管内导线截面为 50 mm^2 及以下,长度每超过 30 m;管内导线截面为 70 ~ 95 mm^2,长度每超过 20 m;管内导线截面为 120 ~ 240 mm^2,长度每超过 18 m。在配管清单项目计量时,设计无要求时上述规定可以作为计量接线盒、拉线盒的依据。

⑦配管安装中不包括凿槽、刨沟的工作内容,应按《通用安装工程工程量计算规范》(GB 50856—2013)附录 D. 14 相关项目编码列项。

二、清单相关问题及说明

表 4-1-6 适用于电气工程的配管、配线工程量清单项目的设置与计量。配管包括电线管敷设、钢管及防煤钢管敷设、可挠金属管敷设、塑料管(硬质聚氯乙烯管、刚性阻燃管、半硬质阻燃管)敷设。配线包括管内穿线,瓷夹板配线,塑料夹板配线,鼓型、针式、蝶式绝缘子配线,木槽板、塑料槽板配线,塑料护套线敷设,线槽配线。

1. 清单项目的设置与计量

依据设计图示工程内容(指配管、配线),按照表 4-1-6 的项目特征和对应的编码,编好后三位码。

(1)在配管清单项目中,名称和材质有时是一体的,如钢管敷设,这里“钢管”既是名称,又代表了材质,它就是项目名称。而规格指管的管径,如 $\Phi25$。配置形式在这里表示明配或暗配(明、暗敷设),表示敷设位置:砖、混凝土结构上;钢结构支架上;钢索上;钢模板内;顶棚内;埋地敷设等。

(2)在配线工程中,清单项目名称要紧紧与配线形式连在一起,配线方式决定导线形式,因此配线形式的标注更为重要。

2. 其他相关说明

(1)金属软管敷设不但设清单项目,在相关设备安装或电机核查接线清单项目的综合单价中考虑。

(2)在配线工程中,所有的预留量(指与设备连接)均应依据设计要求或施工及验收规范规定的长度考虑在综合单价中,而不作为实物量计算。

(3)根据配管工艺的需要和计量的连续性,规范的接线箱(盒)、拉线盒、灯位盒综合在配管工程中,关于接线盒、拉线盒的设置按施工及验收规范的规定执行。

三、配管、配线工程量计算及清单组价实例

1. 配管工程量计算方法

首先要确定工程管材种类，明确管材的敷设方式并分别列出。计算顺序可以按管线的走向，从进户管开始计算，再选择照明干管，然后计算支管。合计时分层、分单元或分段逐级统计，以防止漏量重算。

配管工程量 = 各段的平面长度 + 各部分的垂直长度 + 各部分的预留长度

(1)平面长度计算：用比例尺量取各段的平面长度，量时以两个符号中心为一段或以符号中心至线路转角的顶端为一段，逐段量取。

(2)垂直长度计算：统计各部分的垂直长度，可以根据施工设计说明中给出的设备和照明器具的安装高度来计算。

①配电箱：

上返至顶棚垂直长度 = 楼层高 -（配电箱底距地高度 + 配电箱高 +1/2 楼板厚）

下返至地面垂直长度 = 配电箱底距地高度 +1/2 楼板厚

②开关、插座：

插座从上返下来时，垂直长度 = 楼层高 -（配电箱底距地高度 + 开关、插座安装高度 +1/2 楼板厚）

插座从下返上来时，垂直长度 = 安装高度（距地高度）+1/2 楼板厚

③线路中的接线盒：

接线盒安装在墙上，一般高度为顶板下 0.2 m 处，每处需根据进出接线盒的次数分别计算，若考虑楼板的厚度：

每一处的垂直长度 =（0.2 m +1/2 楼板厚）× n

其中，n 为进出接线盒的次数；1/2 楼板厚在实际工作中一般不考虑。

④进户管的长度：

架空线路进户管按距外墙皮 0.15 m 计算，埋地线路进户管按距外墙皮 1.5 m 计算。

2. 配线工程量计算方法

(1)管内穿线工程量的计算方法。

管内穿线工程量同配管工程量一起计算，注意每段管内所穿的导线根数。

管内穿线工程量 =（该段配管工程量 + 导线预留长度）× 导线的根数

(2)导线预留长度的相应规定。

①灯具、开关、插座、按钮、接线盒等处导线预留长度已经分别综合在有关的额定内，不再另计预留。

②照明和动力线路穿线定额中已综合考虑了接线头的长度，不再另计预留。

③导线进入配电箱、配电板和设备及单独安装的铁壳开关、闸刀开关、启动器、线槽进出线盒时应计算相应预留长度，导线预留长度按表 4-1-7 取用。

4-1-7　连接设备导线的预留长度

序号	项　　目	预留长度	说　　明
1	各种配电箱（柜、板）、开关箱	箱宽 + 箱高	盘面尺寸
2	单独安装（无箱、盘）的铁壳开关、闸刀开关、启动器、母线槽进出线盒等	0.3 m	从安装对象中心算起
3	由地面管出口引至动力接线箱（设备）	1.0 m	从管口算起
4	电源与管内导线连接（管内穿线与软、硬母线连接）	1.5 m	从管口算起
5	进户、出户线	1.5 m	从管口算起

(3)其他配线方式工程量计算方法。

其他常用的配线方式主要有线夹配线、绝缘子配线、槽板配线、塑料护套线敷设、线槽配线等。

配线工程量的统计方法与管内穿线工程量的计算方法相同。

配线单线长度 =（该段支持体工程量 + 导线预留长度）× 导线的根数

①线夹配线：应区别线夹材质（塑料、瓷质）、线式（两线、三线）、敷设位置（木结构、混凝土结构）以及导线规格，以线路"延长米"计算单线长度。

②绝缘子配线：应区别绝缘子形式（针式、鼓式、蝶式）、绝缘子配线位置（沿屋架、梁、跨屋架、柱、木结构、顶棚内、混凝土结构，沿钢支架及钢索）、导线截面积，以线路"延长米"计算单线长度。绝缘子暗配，引下线按线路支持点至天棚下缘距离的长度计算。

③槽板配线：应区别槽板材质（木质、塑料）、配线位置（木结构、混凝土结构）、导线截面、线式（二线、三线），以线路"延长米"计算单线长度。

④塑料护套线敷设：塑料护套线明敷，应区别导线截面、导线芯数（二芯、三芯）、敷设位置（木结构、混凝土结构、沿钢索），以线路"延长米"计算单线长度。

⑤线槽配线：应区别导线截面以线路"延长米"计算单线长度。

3. 配管、配线工程量计算及清单组价实例

【例 4-1-3】 试计算某锅炉房动力电配管工程量并进行清单组价。

案例背景条件：

(1)室内外无高差，进户位置重复接地。

(2)循环泵、排风风机、液位计处线管管口高于地坪标高 500 mm。

(3)鼓风机、引风机、电动机处管口高出地坪 2 m。

(4)动力配电箱为安装，底边距地 1.4 m，箱体尺寸 400 mm×300 mm×200 mm（宽×高×厚）。

(5)接地装置为镀锌钢管 DN50，L=2.5 m，埋深 700 mm，接地木线采用 60×6，镀锌扁钢；室内接地母线的水平长度为 4 m，进入动力配电箱内预留 500 mm。

(6)配电箱与动力设备的镀锌钢管预留均为 200 mm，如图 4-1-3 所示。

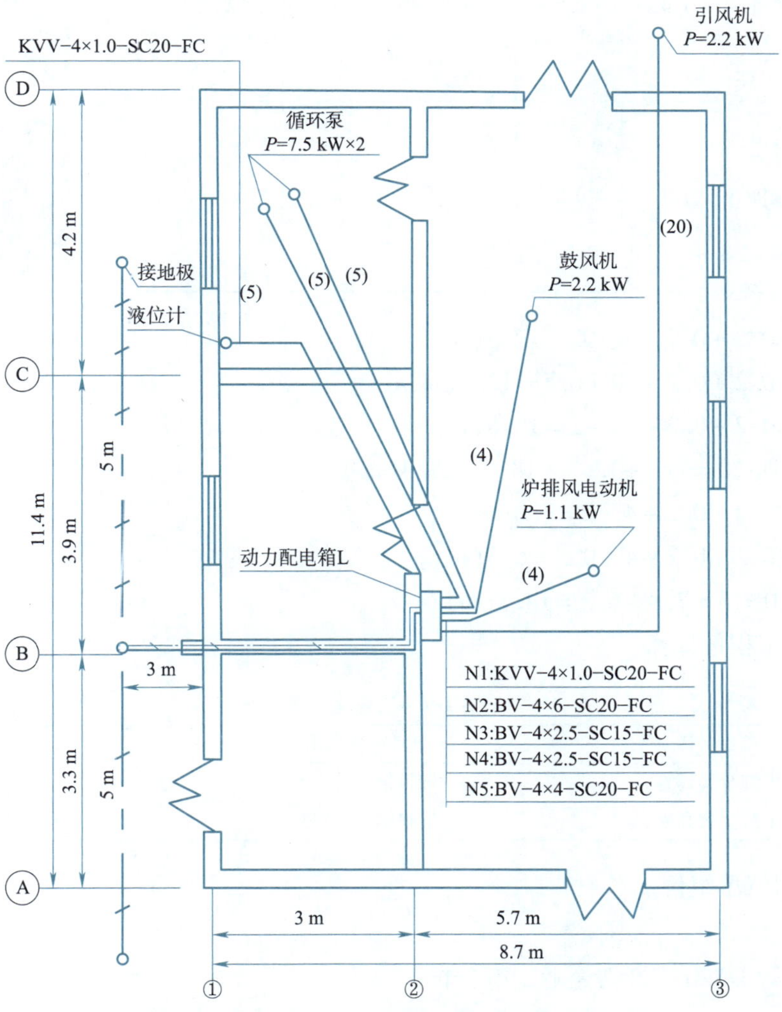

图 4-1-3　配电箱与动力设备的镀锌钢管预留示意图

1)工程量计算

根据清单工程量计算规则,动力电配管工程量计算结果见表4-1-8。

表4-1-8　工程量分析计算

单:m

名称	位置	配电箱距地距离	配电箱下返预留	液位计上返预留	图示水平距离	液位计距地距离	图　例
镀锌钢管 DN20	接液位计	1.4	0.2	0.2	5	0.5	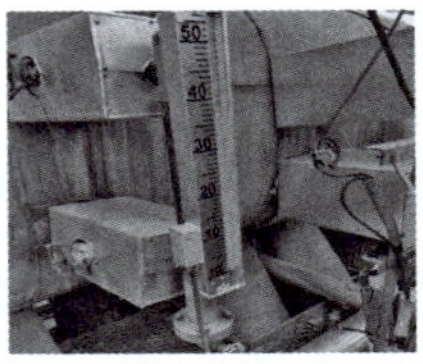
	接循环泵	1.4	0.2	0.2	10	0.5	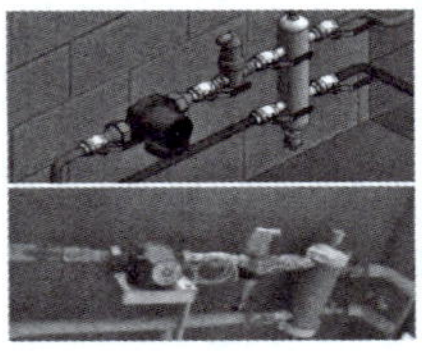
	接引风机	1.4	0.2	0.2	15	2	
镀锌钢管 DN15	接鼓风机	1.4	0.2	0.2	4	2	
	接排风机	1.4	0.2	0.2	4	0.5	

接液位计:1.4+0.2+0.2+5+0.5=7.3(m)。

接循环泵:1.4+0.2+0.2+10+0.5=12.3(m)。

接引风机:1.4+0.2+0.2+15+2=18.8(m)。

合计:镀锌钢管 DN20=7.3+12.3+18.8=38.4(m)。

接鼓风机:1.4+0.2+0.2+4+2=7.8(m)。

接排风机:1.4+0.2+0.2+4+0.5=6.3(m)。

合计:镀锌钢管 DN15=7.8+6.3=14.1(m)。

表4-1-9所示为工程量计算。

表4-1-9　工程量计算

序号	项目编码	项目名称	项目特征描述	单位	工程量	备注
1	030411001001	电缆金属套管	镀锌钢管 DN20	m	38.4	
2	030411001002	电缆金属套管	镀锌钢管 DN15	m	14.1	

2)分部分项工程清单组价

综合单价组价:

(1)每米镀锌钢管 DN20 安装费企业定额分析:

人工费:4.69 元。

材料费：12.85 元（其中 DN20 镀锌钢管主材费用：10.22 元）。

机械费：0 元。

企业管理费：0.66 元。

利润：1.03 元。

综合单价：4.69 + 12.85 + 0.66 + 1.03 = 19.23（元/m）。

（2）每米镀锌钢管 DN15 安装费企业定额分析：

人工费：4.63 元。

材料费：9.95 元（其中 DN15 镀锌钢管主材费用：7.68 元）。

机械费：0 元。

企业管理费：0.65 元。

利润：1.02 元。

综合单价：4.63 + 9.95 + 0.65 + 1.02 = 16.25（元/m）。

表 4-1-10 所示为分项工程清单计价表。

表 4-1-10　分部分项工程清单计价表

序号	项目编码	项目名称	项目特征描述	工程量（m）	综合单价（元/m）	综合合价（元）
1	030411001001	电缆金属套管	镀锌钢管 DN20	38.4	19.23	738.43
2	030411001002	电缆金属套管	镀锌钢管 DN15	14.1	16.25	229.13

【例 4-1-4】　案例背景条件：某贵宾室照明系统中 1 回路如图 4-1-4 所示，照明配电箱 AZM 尺寸为 300 mm × 200 mm × 120 mm（宽 × 高 × 厚），电源由本层总配电箱引来，配电箱为嵌入式安装，箱底标高 1.6 m；室内中间装饰灯为 XDCZ-50，8 × 100 W，四周装饰灯为 FZS-164，1 × 100 W，两者均为吸顶安装；单联、三联单控开关均为 10 A、250 V，均暗装，安装高度为 1.4 m，两排风扇为 300 mm × 300 mm，1 × 60 W，吸顶安装；管路均为 420 镀锌钢管沿墙、顶板暗配，顶管敷管标高为 4.50 m，管内穿阻燃绝缘导线 ZRBV-500，1.5 mm^2；开关控制装饰灯 FZS-164 为隔一控一；配管水平长度见图示括号内数字，单位为 m。试计算其配线工程量并进行清单组价。

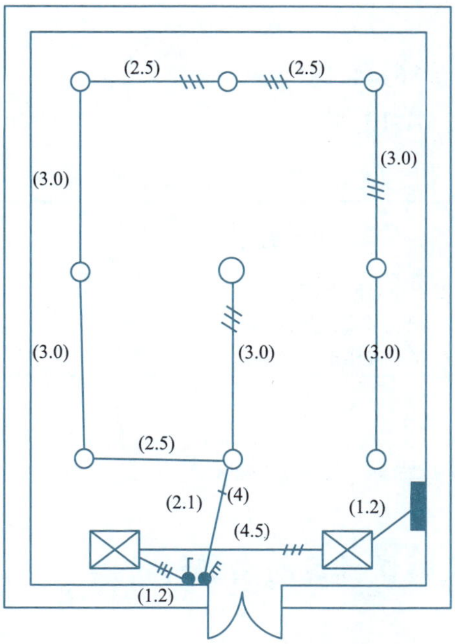

图 4-1-4　照明系统示意图（单位：m）

1）计算配管、配线工程量

表 4-1-11 所示为工程量计算分析。

表 4-1-11　工程量计算分析

名称	位置	配电箱内预留长度（宽+高）	导管内长度（水平管段）	导管内长度（垂直管段）	图　例
阻燃聚氯乙烯铜导线 ZR-BV-1.5 mm^2	二线	2×(0.2+0.3)	2×图示长度	2×(顶板标高－开关、插座安装高度或配电箱体顶标高)	
	三线	3×(0.2+0.3)	3×图示长度	3×(顶板标高－开关、插座安装高度或配电箱体顶标高)	
	四线	4×(0.2+0.3)	4×图示长度	4×(顶板标高－开关、插座安装高度或配电箱体顶标高)	

照明电路管内穿线 ZR-BV-1.5 mm^2：

二线：[(4.5－1.6－0.2)+1.2+3.0×3+2.5+0.3+0.2]×2＝31.80(m)。

三线：[4.5+(4.5－1.4)+1.2+3.0×2+2.5×2]×3＝59.40(m)。

四线：[(4.5－1.4)+2.1]×4＝20.80(m)。

总工程量为：(31.8+59.4+20.8)＝112.00(m)。

清单工程量计算见表 4-1-12。

表 4-1-12　工程量计算

序号	项目编码	项目名称	项目特征描述	计量单位	工程量
1	030411004001	电气配线	管内穿线 ZR-BV-1.5 mm^2	m	112.00

2)分部分项工程清单组价

每米 ZR-BV-1.5 mm^2安装费企业定额分析：

人工费：0.8 元。

材料费：2.00 元(其中 ZR-BV-1.5 mm^2主材费用：1.85 元)。

机械费：0 元。

企业管理费：0.52 元。

利润：0.86 元。

综合单价：0.8+2.00+0.52+0.86＝4.18(元/m)。

分部分项工程清单计价表见表 4-1-13。

表 4-1-13　分部分项工程清单计价表

序号	项目编码	项目名称	项目特征描述	工程量(m)	综合单价(元/m)	综合合价(元)
1	030411001001	电缆金属套管	1. 名称：照明线路 2. 配线形式：管内穿线 3. 型号：ZR-BY-1.5 mm^2	112.00	4.18	468.16

思一思

管内穿线工程量与配管工程量相同吗，区别在哪里？

知识模块 3　照明灯具工程量计算与清单计价

一、照明灯具工程量计算规则

照明灯具工程量清单项目设置、项目特征描述的内容、计量单位及工程量计算规则，应按表 4-1-14 的规定执行。

表 4-1-14　照明灯具安装(编码:030413)

<table>
<tr><th>项目编码</th><th>项目名称</th><th>项目特征</th><th>计量单位</th><th>工程量计算规则</th><th>工作内容</th></tr>
<tr><td>030413001</td><td>普通灯具</td><td>1. 名称
2. 型号
3. 规格
4. 类型</td><td rowspan="10">套</td><td rowspan="10">按设计图示数量计算</td><td rowspan="7">本体安装</td></tr>
<tr><td>030413002</td><td>工厂灯</td><td>1. 名称
2. 型号
3. 规格
4. 安装形式</td></tr>
<tr><td>030413003</td><td>高度标志(障碍)灯</td><td>1. 名称
2. 型号
3. 规格
4. 安装部位
5. 安装高度</td></tr>
<tr><td>030413004</td><td>装饰灯</td><td rowspan="2">1. 名称
2. 型号
3. 规格
4. 安装形式</td></tr>
<tr><td>030413005</td><td>荧光灯</td></tr>
<tr><td>030413006</td><td>医疗专用灯</td><td>1. 名称
2. 型号
3. 规格</td></tr>
<tr><td colspan="3" style="display:none"></td></tr>
<tr><td>030413007</td><td>一般路灯</td><td>1. 名称
2. 型号
3. 规格
4. 灯杆材质、规格
5. 灯架形式及臂长
6. 附件配置要求
7. 灯杆形式(单、双)
8. 基础形式、砂浆配合比
9. 杆座材质、规格
10. 接线端子材质、规格
11. 编号、接地要求</td><td>1. 基础制作、安装
2. 立灯杆
3. 杆座安装
4. 灯架及灯具附件安装
5. 焊、压接线端子
6. 补刷(喷)油漆
7. 灯杆编号
8. 接地</td></tr>
<tr><td>030413008</td><td>中杆灯</td><td>1. 名称
2. 灯杆的材质及高度
3. 灯架的型号、规格
4. 附件配置
5. 光源数量
6. 基础形式、浇筑材质
7. 杆座材质、规格
8. 接线端子材质、规格
9. 铁构件规格
10. 编号、接地要求
11. 灌浆配合比</td><td>1. 基础浇筑
2. 立灯杆
3. 杆座安装
4. 灯架及灯具附件安装
5. 焊、压接线端子
6. 铁构件安装
7. 补刷(喷)油漆
8. 灯杆编号
9. 接地</td></tr>
<tr><td>030413009</td><td>高杆灯</td><td>1. 名称
2. 灯杆高度
3. 灯架形式(成套或组装、固定或升降)
4. 附件配置
5. 光源数量
6. 基础形式、浇筑材质
7. 杆座材质、规格
8. 接线端子材质、规格
9. 铁构件规格
10. 编号、接地要求
11. 灌浆配合比</td><td>1. 基础浇筑
2. 立杆
3. 杆座安装
4. 灯架及灯具附件安装
5. 焊、压接线端子
6. 铁构件安装
7. 补刷(喷)油漆
8. 灯杆编号
9. 升降机构接线调试
10. 接地</td></tr>
</table>

续表

项目编码	项目名称	项目特征	计量单位	工程量计算规则	工作内容
030413010	桥栏杆灯	1. 名称 2. 型号 3. 规格 4. 安装形式	套	按设计图示数量计算	1. 灯具安装 2. 补刷(喷)油漆
030413011	地道涵洞灯				

注:

①普通灯具包括:圆球吸顶灯、半圆球吸顶灯、方形吸顶灯、软线吊灯、座灯头、吊链灯、防水吊灯、壁灯等。

②工厂灯包括:工厂罩灯、防水灯、防尘灯、碘钨灯、投光灯、泛光灯、混光灯、密闭灯等。

③高度标志(障碍)灯包括:烟囱标志灯、高塔标志灯、高层建筑屋顶障碍指示灯等。

④装饰灯包括:吊式艺术装饰灯、吸顶式艺术装饰灯、荧光艺术装饰灯、几何形组合艺术装饰灯、标志灯、诱导装饰灯、水下(上)艺术装饰灯、点光源艺术灯、歌舞厅灯具、草坪灯具等。

⑤医疗专用灯包括:病房指示灯、病房暗脚灯、紫外线杀菌灯、无影灯等。

⑥中杆灯是指安装在高度≤19 m 的灯杆上的照明器具。

⑦高杆灯是指安装在高度>19 m 的灯杆上的照明器具。

二、清单相关问题及说明

表 4-1-13 适用于工业与民用建筑(含公用设施)及市政府设施的各种照明灯具、开关、插座、门铃等工程量清单项目的设置和计量,包括普通吸顶灯具、工厂灯具、装饰灯具、荧光灯具、医疗专用灯具、一般路灯、中杆灯、高杆灯、桥栏杆灯、地道涵洞灯等安装。

清单项目的设置与计量要求如下:

依据设计图示工程内容(灯具)对应表 4-1-13 的项目特征,表述项目名称即可。表 4-1-13 中项目的基本特征(名称、型号、规格)大致一样,所以实体的名称就是项目名称,但要说明型号、规格,而市政路灯要说明杆高、灯杆材质、灯架形式及臂长,以便区别其安装单价。

三、照明灯具工程量计算及清单组价实例

【例 4-1-5】 试计算例【例 4-1-4】中某贵宾室照明平面图中照明灯具工程量并进行组价。

1)工程量计算

根据清单工程量计算规则,计算照明灯具工程量,见表 4-1-15。

表 4-1-15 照明灯具工程量计算表

序号	项目编码	项目名称	项目特征描述	计量单位	工程量
1	030412004001	装饰灯	XDCZ-50	套	1
2	030412004002	装饰灯	FZS-164	套	8

2)分部分项工程清单组价

(1)每套装饰灯 XDCZ-50 型吸顶灯安装费企业定额分析:

人工费:22.5 元。

材料费:163.8 元(其中 XDCZ-50 型吸顶灯主材费:142 元)。

机械费:0 元。

企业管理费:1.45 元。

利润:1.45 元。

综合单价:22.5+163.8+1.45+1.45=189.2(元/套)。

(2)每套装饰灯 FZS-164 型吸顶灯安装费企业定额分析:

人工费:12.83 元。

材料费:52.8 元(其中 FZS-164 型吸顶灯的主材费:43.82 元)。

机械费:0 元。

企业管理费：1.52 元。

利润：1.52 元。

综合单价：12.83 +52.8 +1.52 +1.52 =68.67(元/套)。

表 4-1-16 所示为分部分项工程清单计价表。

表 4-1-16　分部分项工程清单计价表

序号	项目编码	项目名称	项目特征描述	工程量（套）	综合单价（元/套）	综合合价（元）
1	030412004001	装饰灯	1. 名称：装饰灯 2. 型号：XDCZ-50 3. 安装方式：吸顶	1	189.2	189.2
2	030412004002	装饰灯	1. 名称：装饰灯 2. 型号：FZS-164 3. 安装方式：吸顶	8	68.67	549.36

练一练

试计算图 4-1-1 某工程局部照明平面图中照明灯具工程量。

任务实施

根据某企业工程投标需求，依据工程强电工程系统图、照明平面图等图纸，以及相关规范、企业定额等资料，计算电气照明系统工程量，并进行分部分项工程清单组价，其工作程序基本包括如下步骤：

一、熟悉图纸

小组成员在充分了解设计说明的基础上，结合系统图、平面图熟练识读电气照明系统工程施工图，根据电能传输路径仔细识别配电箱柜，配管、配线，照明灯具等，在此基础上计算工程量。

二、选择工程量计算规则，计算工程量

根据《通用安装工程工程量计算规范》(GB 50856—2013)区分项目类别，针对配电箱柜，配管、配线，照明灯具等具体项目，根据项目特征，选择工程量计算规则，按照工程量计算规则进行工程量计算。

三、复核工程量

每个小组将工程量计算完成后，由小组其他人员进行校核，并与招标单位给定的工程量清单进行复核；小组复核完成后，其他小组对另外五个小组分别复核。

四、确定取费费率

根据黑龙江省住房和城乡建设厅各年度下发建筑安装工程结算参照标准及企业定额确定相应费率。

五、确定分部分项工程综合单价

根据企业定额确定消耗量指标和生产要素单价，确定完成各清单项目实际应发生的工程内容，计算工程内容的工程数量与清单单位的含量：

清单单位含量 = (某工程内容的定额工程量)/清单工程量

计算分部分项工程人工、材料、施工机具使用费，计算企业管理费和利润，汇总计算出分部分项工程综合单价。

笔记栏

【编制电气照明系统工程量计算及清单计价工作单】

计划单

<table>
<tr><td>学习情境 4</td><td colspan="2">建筑电气工程计量与计价</td><td>任务 1</td><td colspan="2">电气照明系统工程量计算与清单计价</td></tr>
<tr><td>工作方式</td><td colspan="2">组内讨论、团结协作，共同制订计划：小组成员进行工作讨论，确定工作步骤</td><td colspan="2">计划学时</td><td>0.5 学时</td></tr>
<tr><td>完成人</td><td colspan="5">1. ________ 2. ________ 3. ________ 4. ________ 5. ________ 6. ________</td></tr>
<tr><td colspan="6">计划依据：1. 老师给定的工程相关图纸； 2. 工程相关规范； 3. 企业定额</td></tr>
<tr><td>序号</td><td colspan="2">计划步骤</td><td colspan="3">具体工作内容描述</td></tr>
<tr><td>1</td><td colspan="2">准备工作
（整理建设工程基本信息，谁去做？）</td><td colspan="3"></td></tr>
<tr><td>2</td><td colspan="2">组织分工
（成立组织，人员具体都完成什么？）</td><td colspan="3"></td></tr>
<tr><td>3</td><td colspan="2">制订两套工程量计算和组价方案
（各有何特点？）</td><td colspan="3"></td></tr>
<tr><td>4</td><td colspan="2">计算工程量
（分析工程量计算过程，谁负责？）</td><td colspan="3"></td></tr>
<tr><td>5</td><td colspan="2">汇总工程量
（汇总什么，如何汇总利于组价？）</td><td colspan="3"></td></tr>
<tr><td>6</td><td colspan="2">分部分项工程清单组价
（谁负责？组成要素是什么？）</td><td colspan="3"></td></tr>
<tr><td>制订计划说明</td><td colspan="5">（写出制订计划中人员为完成任务的主要建议或可以借鉴的建议、需要解释的某一方面）</td></tr>
</table>

决 策 单

学习情境4	建筑电气工程计量与计价		任务1	电气照明系统工程量计算与清单计价
决策学时			1学时	
决策目的：确定本小组认为最优的工程量计算及清单组价方案				
方案优劣比对	比对项目	工作方案特点		确定最优方案（画√）
		方案名称1：	方案名称2：	
	计算规则选取是否准确			方案1优□ 方案2优□
	计算分析过程是否精确			
	计算公式准确性			
	组价要素是否全面			
	计算结果正确性			
方案1简介：		方案2简介：		

作 业 单

学习情境 4	建筑电气工程计量与计价	任务 1	电气照明系统工程量计算与清单计价
参加人员	第____组		开始时间：
	签名：		结束时间：
序号	工作内容记录 （根据实施的具体工作记录，包括存在的问题及解决方法）		分工 （负责人）
小结	主要描述完成的成果及是否达到目标		存在的问题

检 查 单

学习情境 4	建筑电气工程计量与计价		任务 1	电气照明系统工程量计算与清单计价			
检查学时		0.5 学时			第＿＿组		
检查目的及方式		教学过程监控小组的工作情况，如检查等级为不合格，小组需要整改，并拿出整改说明					
序号	检查项目	检查标准	检查结果分级 （在检查相应的分级框内画“√”）				
			优秀	良好	中等	合格	不合格
1	准备工作	建设工程基本信息、相关依据材料是否准备完整，学习资源是否查到					
2	分工情况	安排是否合理、全面，分工是否明确					
3	工作态度	小组工作是否积极主动、全员参与					
4	纪律出勤	是否按时完成负责的工作内容，是否遵守工作纪律					
5	团队合作	是否相互协作、互相帮助，成员是否听从指挥					
6	创新意识	任务完成不照搬照抄，看问题具有独到见解、创新思维					
7	完成效率	工作单是否记录完整，是否按照计划完成任务					
8	完成质量	工作单填写是否准确					
检查评语						教师签字：	

任 务 评 价

小组工作评价单

<table>
<tr><td>学习情境 4</td><td colspan="3">建筑电气工程计量与计价</td><td>任务 1</td><td colspan="4">电气照明系统工程量计算与清单计价</td></tr>
<tr><td>评价学时</td><td colspan="8">0.5 学时</td></tr>
<tr><td>评价类别</td><td>项目</td><td colspan="2">子项目</td><td>个人评价</td><td colspan="2">组内互评</td><td colspan="2">教师评价</td></tr>
<tr><td rowspan="9">专业能力</td><td rowspan="2">准备工作
(10%)</td><td colspan="2">准备工作完整性(5%)</td><td></td><td colspan="2"></td><td colspan="2"></td></tr>
<tr><td colspan="2">工作步骤内容描述(5%)</td><td></td><td colspan="2"></td><td colspan="2"></td></tr>
<tr><td rowspan="2">计算过程
(20%)</td><td colspan="2">计算方法的正确性(10%)</td><td rowspan="2"></td><td colspan="2" rowspan="2"></td><td colspan="2" rowspan="2"></td></tr>
<tr><td colspan="2">计算过程的完整性(10%)</td></tr>
<tr><td rowspan="2">计算结果
(10%)</td><td colspan="2">工程量计算结果的正确性(5%)</td><td rowspan="2"></td><td colspan="2" rowspan="2"></td><td colspan="2" rowspan="2"></td></tr>
<tr><td colspan="2">清单组价结果的正确性(5%)</td></tr>
<tr><td>安全文明
(10%)</td><td colspan="2">工作过程遵守相关要求及注意事项</td><td></td><td colspan="2"></td><td colspan="2"></td></tr>
<tr><td>完成时间
(10%)</td><td colspan="2">在要求时间内完成相关任务,每超5 min扣2分</td><td></td><td colspan="2"></td><td colspan="2"></td></tr>
<tr><td colspan="8" style="display:none"></td></tr>
<tr><td rowspan="2">社会能力</td><td>团结协作
(10%)</td><td colspan="2"></td><td></td><td colspan="2"></td><td colspan="2"></td></tr>
<tr><td>敬业精神
(10%)</td><td colspan="2"></td><td></td><td colspan="2"></td><td colspan="2"></td></tr>
<tr><td rowspan="2">方法能力</td><td>计划能力
(10%)</td><td colspan="2"></td><td></td><td colspan="2"></td><td colspan="2"></td></tr>
<tr><td>决策能力
(10%)</td><td colspan="2"></td><td></td><td colspan="2"></td><td colspan="2"></td></tr>
<tr><td rowspan="2">评价评语</td><td>班　　级</td><td></td><td>姓　　名</td><td></td><td>学号</td><td></td><td>总评</td><td></td></tr>
<tr><td>教师签字</td><td></td><td>第　　组</td><td>组长签字</td><td colspan="2"></td><td>日期</td><td></td></tr>
</table>

小组成员素质评价单

学习情境 4	建筑电气工程计量与计价			任务 1	电气照明系统工程量计算与清单计价		
班　级		第____组			成员姓名		
评分说明	每个小组成员评价分为自评和小组其他成员评价两部分，取平均值计算，作为该小组成员的任务评价个人分数。评价项目共设计 5 个，依据评分标准给予合理量化打分。小组成员自评分后，要找小组其他成员以不记名方式打分						
评分项目	评分标准	自评（100 分）	成员 1（100 分）	成员 2（100 分）	成员 3（100 分）	成员 4（100 分）	成员 5（100 分）
核心价值观（20 分）	是否践行社会主义核心价值观						
工作态度（20 分）	是否按时完成负责的工作内容、遵守纪律，是否积极主动参与小组工作且全过程参与，是否吃苦耐劳、具有工匠精神						
交流沟通（20 分）	是否能良好地表达自己的观点，是否能倾听他人的观点						
团队合作（20 分）	是否与小组成员合作完成任务，是否做到相互协作、互相帮助、听从指挥						
创新意识（20 分）	看问题是否能独立思考、提出独到见解，是否能够运用创新思维解决遇到的问题						
最终小组成员得分							

课 后 反 思

学习情境4	建筑电气工程计量与计价		任务1	电气照明系统工程量计算与清单计价	
班　级		第____组	成员姓名		
情感反思	通过对本任务的学习和实践,你认为自己在社会主义核心价值观、职业素养、学习和工作态度等方面有哪些需要提高的部分?				
知识反思	通过对本任务的学习,你掌握了哪些知识点?请画出思维导图。				
技能反思	在完成本任务的学习和实训过程中,你主要掌握了哪些技能?				
方法反思	在完成本任务的学习和实践过程中,你主要掌握了哪些分析和解决问题的方法?				

任务 2　动力系统工程量计算与清单计价

任 务 单

<table>
<tr><td>学习情境 4</td><td colspan="3">建筑电气工程计量与计价</td><td>任务 2</td><td colspan="2">动力系统工程量计算与清单计价</td></tr>
<tr><td>任务学时</td><td colspan="6">4 学时</td></tr>
<tr><td colspan="7">布置任务</td></tr>
<tr><td>任务目标</td><td colspan="6">1. 能够运用《通用安装工程工程量计算规范》(GB 50856—2013)完成电机检查接线、电缆、电气系统调试工程量计算规则的选择;
2. 能正确计算电机检查接线、电缆、电气系统调试工程量;
3. 能熟练进行电机检查接线、电缆、电气系统调试等分部分项工程清单组价;
4. 能够在完成任务过程中锻炼职业素养,工作认真负责、能吃苦耐劳,勇于承担,能够主动帮助小组的其他成员,有团队意识,诚实守信、不瞒骗</td></tr>
<tr><td>任务描述</td><td colspan="6">文本
动力系统工程量计算与清单计价施工图
根据招标文件、施工图纸等资料,查阅工程量计算规范,正确选择工程量计算规则,计算并核对该工程动力系统工程量,包括:地上一层、地下一层电机检查接线、电缆、送配电装置等的工程量,并详细分析工程量计算过程;根据企业定额、计价规范等资料,进行分部分项工程清单组价</td></tr>
<tr><td rowspan="2">学时安排</td><td>资讯</td><td>计划</td><td>决策</td><td>实施</td><td>检查</td><td>评价</td></tr>
<tr><td>0.5 学时</td><td>0.5 学时</td><td>1 学时</td><td>1 学时</td><td>0.5 学时</td><td>0.5 学时</td></tr>
<tr><td>对学生学习及成果的要求</td><td colspan="6">1. 每名同学均能按照资讯思维导图自主学习;
2. 严格遵守课堂纪律,不迟到、不早退,学习态度认真、端正;
3. 能够熟练识读动力工程施工图;具备一定的实践动手能力、自学能力、数据计算能力及计算机操作能力;
4. 小组讨论动力系统工程量计算的方案,能够确定电机检查接线,电缆,电气系统调试的计算规则,能够正确计算电机检查接线,电缆,电气系统调试的工程量并进行清单组价;
5. 积极参与小组工作任务讨论,协作完成课堂任务,具备一定的团队沟通协调能力、语言表达能力和团队意识;
6. 讲解工程量计算及清单组价过程,接受教师与学生的点评,参与小组自评与互评</td></tr>
</table>

思维导图

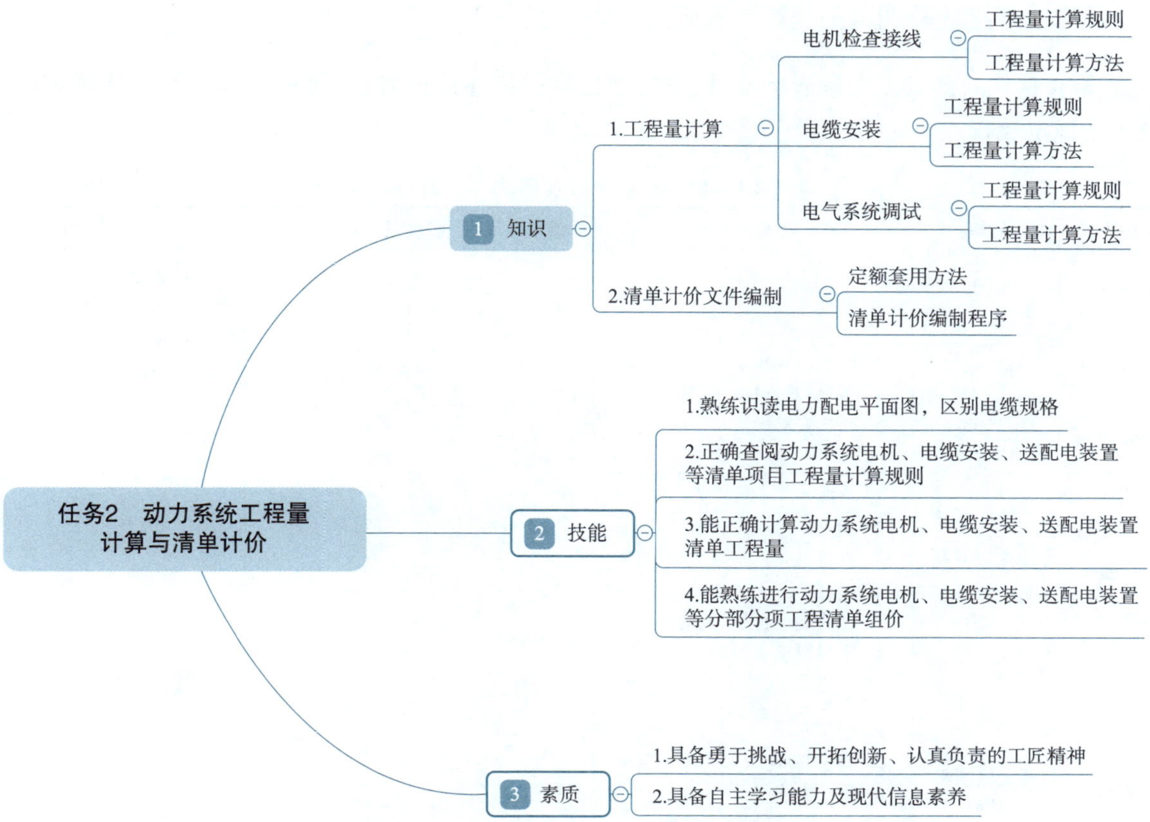

课前自学

【动力系统分部分项清单项目】

《通用安装工程工程量计算规范》(GB 50856—2013)附录D电气设备安装工程中,设置了14个小节149个清单项目,动力系统的常用结构包括:电源引入,启动控制设备,配电线路(干线、支线),电机或动力设备。一般需要计算:电机检查接线及调试,电缆安装,电气调整、调试,配管、配线,但配管、配线在电气照明系统中已提及,故此部分不再赘述。

1. 电机检查接线及调试

本节主要按照使用功能的不同,设置了12个清单项目:发电机,调相机,普通小型直流电动机,可控硅调速直流电动机,普通交流同步电动机,低压交流异步电动机,高压交流异步电动机,交流变频调速电动机,微型电机、电加热器,电动机组,备用励磁机组,励磁电阻器。

2. 电缆安装

电缆敷设根据所适应电压不同、用途不同,设置了11个清单项目:电力电缆,控制电缆,电缆保护管,电缆槽盒,铺砂、盖保护板(砖),电缆终端头,电缆中间头,防火堵洞,防火隔板,防火涂料,电缆分支箱。

3. 电气调整

本节主要按照用途不同,设置了15个清单项目:电力变压器系统,送配电装置系统,特殊保护装置,自动投入装置,中央信号装置,事故照明切换装置,不间断电源,母线,避雷器,电容器,接地装置,电抗器、消弧线圈,电除尘器,硅整流设备、可控硅整流装置,电缆试验。

知识模块1　电机检查接线及调试工程量计算与清单计价

一、电机检查接线及调试工程量计算规则

电机检查接线及调试工程量清单项目设置、项目特征描述的内容、计量单位及工程量计算规则，应按表4-2-1的规定执行。

表4-2-1　电机检查接线及调试（编码:030406）

<table>
<tr><th>项目编码</th><th>项目名称</th><th>项目特征</th><th>计量单位</th><th>工程量计算规则</th><th>工作内容</th></tr>
<tr><td>030406001</td><td>发电机</td><td rowspan="3">1. 名称
2. 型号
3. 容量(kW)
4. 接线端子材质、规格
5. 干燥要求</td><td rowspan="9">台</td><td rowspan="9">按设计图示数量计算</td><td rowspan="2">1. 检查接线
2. 接地
3. 干燥
4. 调试</td></tr>
<tr><td>030406002</td><td>调相机</td></tr>
<tr><td>030406003</td><td>普通小型直流电动机</td><td rowspan="7">1. 检查接线
2. 接地
3. 干燥
4. 系统调试</td></tr>
<tr><td>030406004</td><td>可控硅调速直流电动机</td><td>1. 名称
2. 型号
3. 容量(kW)
4. 类型
5. 接线端子材质、规格
6. 干燥要求</td></tr>
<tr><td>030406005</td><td>普通交流同步电动机</td><td>1. 名称
2. 型号
3. 容量(kW)
4. 启动方式
5. 电压等级(kV)
6. 接线端子材质、规格
7. 干燥要求</td></tr>
<tr><td>030406006</td><td>低压交流异步电动机</td><td>1. 名称
2. 型号
3. 容量(kW)
4. 控制保护方式
5. 接线端子材质、规格
6. 干燥要求</td></tr>
<tr><td>030406007</td><td>高压交流异步电动机</td><td>1. 名称
2. 型号
3. 容量(kW)
4. 保护类别
5. 接线端子材质、规格
6. 干燥要求</td></tr>
<tr><td>030406008</td><td>交流变频调速电动机</td><td>1. 名称
2. 型号
3. 容量(kW)
4. 类别
5. 接线端子材质、规格
6. 干燥要求</td></tr>
<tr><td>030406009</td><td>微型电机、电加热器</td><td>1. 名称
2. 型号
3. 规格
4. 接线端子材质、规格
5. 干燥要求</td></tr>
</table>

续表

项目编码	项目名称	项目特征	计量单位	工程量计算规则	工作内容
030406010	电动机组	1. 名称 2. 型号 3. 电动机台数 4. 联锁台数 5. 接线端子材质、规格 6. 干燥要求	组	按设计图示数量计算	1. 检查接线 2. 接地 3. 干燥 4. 系统调试
030406011	备用励磁机组	1. 名称 2. 型号 3. 接线端子材质、规格 4. 干燥要求			
030406012	励磁电阻器	1. 名称 2. 型号 3. 规格 4. 接线端子材质、规格 5. 干燥要求	台		1. 本体安装 2. 检查接线 3. 干燥

注：
①可控硅调速直流电动机类型指：一般可控硅调速直流电动机、全数字式控制可控硅调速直流电动机。
②交流变频调速电动机类型指：交流同步变频电动机、交流异步变频电动机。
③电动机按其质量划分为大、中、小型。3 t 以下为小型，3 ~ 30 t 为中型，30 t 以上为大型。

二、清单相关问题及说明

表 4-2-1 适用于发电机、调相机、普通小型直流电动机、可控硅调速直流电动机、普通交流同步电动机、低压交流异步电动机、高压交流异步电动机、交流变频调速电动机、微型电机、电加热器、电动机组的检查接线及调试的工程量清单项目设置和计算。

1. 清单项目的设置与计量

表 4-2-1 中的清单项目除共同的基本特征（如名称、型号、规格、干燥要求）外，还有表示其调试的特殊个性。这个特性直接影响到其接线调试费用，所以必须在项目名称中表述清楚。例如：

（1）普通交流同步电动机的检查接线及调试项目，要注明启动方式：直接启动还是降压启动。

（2）低压交流异步电动机的检查接线及调试项目，要注明控制保护类型：刀开关控制、电磁控制、非电量连锁、过流保护、速断过流保护及时限过流保护等。

（3）电动机组检查接线调试项目，要表述机组的台数，如有连锁装置应注明连锁的台数表。

（4）表 4-2-1 中除电动机组、备用励磁机组以“组”为单位计量外，其他所有清单项目的计量单位均为“台”，计算规则按设计图示数量计算。

2. 其他相关说明

（1）电机是否需要干燥，应在项目中予以描述。

（2）电机接线如需焊、压，接线端子亦应描述。

（3）按规范要求，从管口到电机接线盒间要有软管保护，项目应描述软管的材质和长度，报价时考虑在综合单价中。

（4）工程内容中应描述“接地”要求，如接地线的材质、防腐处理等。

（5）表 4-2-1 在检查接线项目中，接电机的名称、型号、规格（即容量）列出。而全统定额按中大型列项，以单台质量在 3 t 以下的为小型；单台质量在 3 ~ 30 t 者为中型；单台质量 30 t 以上者为大型。

在报价时，如果参考《全国统一安装工程预算定额》，就按电机名牌上或产品说明书上的质量对应定额项目即可。

三、电机检查接线及调试工程量计算及清单组价实例

【例 4-2-1】 某锅炉动力工程，平面图如图 4-2-1 所示，试计算电机检查接线及调试工程量并进行清单组价。

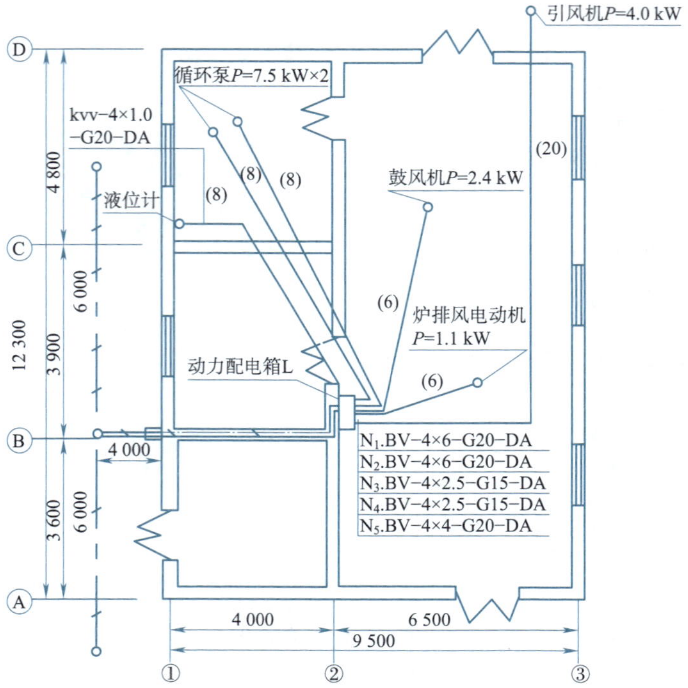

图 4-2-1　锅炉动力工程平面图

1）计算工程量

表 4-2-2 所示为电机检查接线工程量计算分析，表 4-2-3 所示为工程量计算。

表 4-2-2　电机检查接线工程量计算分析

名称	位置	功率(kW)	数量	单位	图　例
电动机检查接线	鼓风机	2.4	1	台	
	炉排风机	1.1	1	台	
	引风机	4.0	1	台	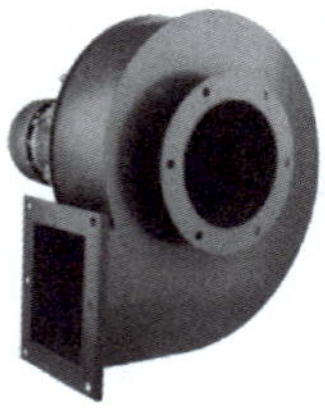
	循环水泵	7.5	2	台	

表 4-2-3　工程量计算

序号	项目编码	项目名称	项目特征描述	单位	工程量	备注
1	030406006001	交流异步电动机检查接线	1 kW < 功率≤3 kW;备注:鼓风机(2.4 kW)1 台,炉排风机(1.1 kW)1 台	台	2	
2	030406006002	交流异步电动机检查接线	3 kW < 功率≤7.5 kW;引风机(4.0 kW)1 台,循环水泵 2 台(7.5 kW)	台	3	

2)分部分项工程清单组价

(1)1 kW < 每台功率≤3 kW 交流异步电动机检查接线费用企业定额分析:

人工费:79.39 元。

材料费:24.26 元。

机械费:5.99 元。

企业管理费:9.12 元。

利润:12.16 元。

综合单价:79.39 + 24.26 + 5.99 + 9.12 + 12.16 = 130.92(元/台)。

(2)3 kW < 每台功率≤7.5 kW 交流异步电动机检查接线费用企业定额分析:

人工费:115.57 元。

材料费:29.19 元。

机械费:5.99 元。

企业管理费:13.27 元。

利润:17.7 元。

综合单价:115.57 + 29.19 + 5.99 + 13.27 + 17.7 = 181.72(元/台)。

分部分项工程清单计价表见表 4-2-4。

表 4-2-4　分部分项工程清单计价表

序号	项目编码	项目名称	项目特征描述	工程量(台)	综合单价(元/台)	综合合价(元)
1	030406006001	交流异步电动机	名称:交流异步电动机检查接线;1 kW < 功率≤3 kW;备注:鼓风机(2.4 kW)1 台,炉排风机(1.1 kW)1 台	2	130.92	261.84
2	030406006002	交流异步电动机	名称:交流异步电动机检查接线;3 kW < 功率≤7.5 kW;引风机(4.0 kW)1 台,循环水泵 2 台(7.5 kW)	3	181.72	545.16

忆一忆

低压交流异步电动机检查接线的清单工程量计算规则是什么?

知识模块 2　电缆安装工程量计算与清单计价

一、电缆安装工程量计算规则

电缆安装工程量清单项目设置、项目特征描述的内容、计量单位及工程量计算规则,应按表 4-2-5 的规定执行。

表 4-2-5　电缆安装(编码:030408)

项目编码	项目名称	项目特征	计量单位	工程量计算规则	工作内容
030408001	电力电缆	1. 名称 2. 型号 3. 规格 4. 材质 5. 敷设方式、部位 6. 地形	m	按设计图示尺寸以长度计算	1. 电缆敷设 2. 揭(盖)盖板
030408002	控制电缆				
030408003	电缆保护管	1. 名称 2. 材质 3. 规格 4. 敷设方式			保护管敷设
030408004	电缆槽盒	1. 名称 2. 材质 3. 规格 4. 型号 5. 接地			槽盒安装
030408005	铺砂、盖保护板(砖)	1. 种类 2. 规格			1. 铺砂 2. 盖板(砖)
030408006	电缆终端头	1. 名称 2. 型号 3. 规格 4. 材质、类型 5. 安装部位 6. 电压等级(kV)	个	按设计图示数量计算	1. 电缆终端头制作 2. 电缆终端头安装 3. 接地
030408007	电缆中间头	1. 名称 2. 型号 3. 规格 4. 材质、类型 5. 安装方式 6. 电压等级(kV)			1. 电缆中间头制作 2. 电缆中间头安装 3. 接地
030408008	防火堵洞	1. 名称 2. 材质 3. 方式 4. 部位	处	按设计图示数量计算	安装
030408009	防火隔板		m^2	按设计图示尺寸以面积计算	
030408010	防火涂料		kg	按设计图示尺寸以质量计算	
030408011	电缆分支箱	1. 名称 2. 型号 3. 规格 4. 基础形式、材质、规格	台	按设计图示数量计算	1. 本体安装 2. 基础制作、安装

注:

①电缆穿刺线夹按电缆中间头编码列项。

②电缆井、电缆排管、顶管,应按《市政工程计量规范》相关项目编码列项。

二、清单相关问题及说明

表 4-2-5 适用于电力电缆、控制电缆、电缆、保护管、电缆槽盒、铺砂、盖保护板(砖),电力电缆头、控制电缆头、防火堵洞、防火隔板、防火涂料电缆分支箱等相关工程的工程量清单项目的设置和计量。其中电缆保护管辐射项目指埋地暗敷设或非埋地明敷设两种,不适用于过路或过基础的保护管敷设。

1. 清单项目的设置与计量

表 4-2-5 中的各项目特征基本为型号、规格、材质,但各有其表述法,如:电缆敷设项目的规格指电缆截面;电缆保护管敷设项目的规格指管径;电缆桥架项目的规格指宽 + 高的尺寸,同时要表述材质(钢制、玻璃钢制或铝合金制)、类型(指槽式、梯式、托盘式、组合式等);电缆阻燃盒项目的特征是型号、规格(尺

寸)。以上所有特征均要表述清楚。

清单项目的计量单位大部分均为“m”,只有少数的计量单位是“个”“处”“kg”“台”。各电缆安装的计量规则也各不相同,要根据具体选用情况,按表4-2-5的计算规则进行计算。

清单项目设置的方法,根据设计图示的工程内容(电缆敷设的方式、位置、桥架安装的位置等)对应表4-2-5的清单项目特征,列出对应的清单项目名称、编码。

2. 其他相关说明

(1)电缆沟土方工程量清单,按《房屋建筑与装饰工程工程量计算规范》(GB 50854—2013)附录A设置编码。项目表述时要表明明沟的平均深度、土质和铺砂盖砖的要求。

(2)电缆敷设中所有预留量应按设计要求或规范规定的长度,考虑在综合单价中,而不作为实物量。

(3)电缆敷设需要综合的项目很多,一定要描述清楚,如其工程内容:电缆敷设;揭(盖)盖板;保护管辐射;槽盒安装;电力电缆头制作;电力电缆头安装;接地等。

三、电缆安装工程量计算及清单组价实例

【例4-2-2】 某水泵站电气安装工程如图4-2-2所示,说明如下:

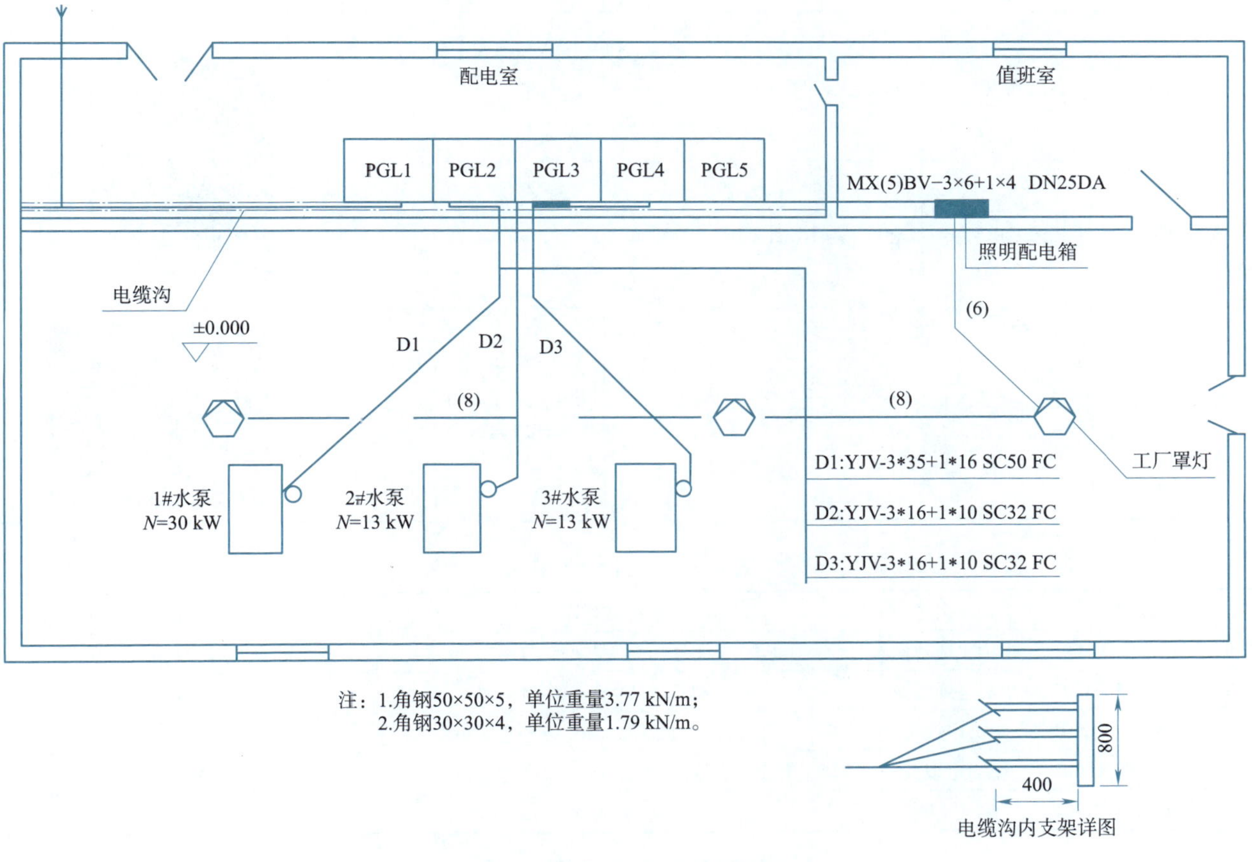

图4-2-2 水泵站电气安装工程图

(1)配电室内设有5台PGL型低压开关柜,其尺寸(宽×高×厚)为1 000 mm×2 000 mm×600 mm,安装在10#基础槽钢上。

(2)电缆沟内设15个电缆支架,尺寸如支架详图(图4-2-2)所示。

(3)三台水泵动力电缆D1、D2、D3分别由PGL2、PGL3、PGI4低压开关柜引出,沿电缆沟内支架敷设,出电缆沟再改穿埋地钢管(钢管埋地深度为0.2 m)配至1#、2#、3#水泵动力电动机,水泵管口距地面1 m。其中:D1、D2、D3回路,沟内电缆水平长度分别为2 m、3 m、4 m;配管长度分别为15 m、12 m、14 m。连接水泵电动机处电缆预留长度按0.1 m计。

要求:试计算电缆、电缆头及电缆支架工程量并按企业定额进行组价。

1)计算工程量

表4-2-6所示为电缆工程量计算分析,表4-2-7所示为电缆头工程量计算结果分析,表4-2-8所示为工程量计算表。

表4-2-6　电缆工程量计算分析

名称	电缆沟内长度	管内长度	预留长度(m)	总长度(m)	图　例
电力电缆D1:YJV-3 * 35 + 1 * 16	2	15	①终端头预留:1.5×2=3 ②电缆进入低压动力盘、箱:2 ③电缆进入沟内:1.5	1.025×(2+15+3+2+1.5)=24.09	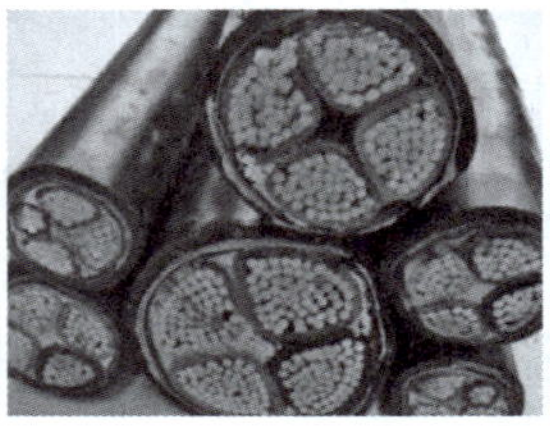
电力电缆D2:YJV-3 * 16 + 1 * 10	3	12	①终端头预留:1.5×2=3 ②电缆进入低压动力盘、箱:2 ③电缆进入沟内:1.5	1.025×(3+12+3+2+1.5)=22.04	
电力电缆D3:YJV-3 * 16 + 1 * 10	4	14	①终端头预留:1.5×2=3 ②电缆进入低压动力盘、箱:2 ③电缆进入沟内:1.5	1.025×(4+14+3+2+1.5)=25.11	

表4-2-7　电缆头工程量计算结果分析

名称	型号	规格	单位	计算式	工程量	图　例
电力电缆头	热缩式电缆头	YJV-3 * 35 + 1 * 16	个	2	2	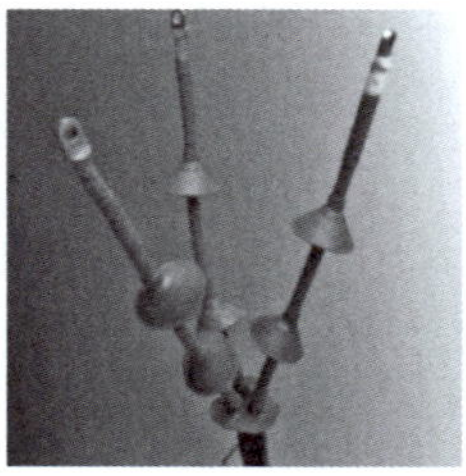
电力电缆头	热缩式电缆头	YJV-3 * 16 + 1 * 10	个	4	4	
电缆支架	角钢	∟50 * 50 * 5	kg	(0.4×3×1.79+0.8×3.77)×15	77.46	

表4-2-8　工程量计算表

序号	项目编码	项目名称	项目特征描述	单位	工程量	备注
1	030408001001	电力电缆敷设	型号:YJV-3 * 35 + 1 * 16	m	24.09	
2	030408001002	电力电缆敷设	型号:YJV-3 * 16 + 1 * 10	m	47.15	
3	030408006001	电力电缆头	型号:YJV-3 * 35 + 1 * 16干包式电缆头	个	2	
4	030408006002	电力电缆头	型号:YJV-3 * 16 + 1 * 10干包式电缆头	个	4	
5	030413001001	电缆支架	型号:∟50 * 50 * 5	kg	77.46	

2)分部分项工程清单组价

(1)每米YJV-3 * 35 + 1 * 16电力电缆敷设费用的企业定额分析:

人工费:4.18元。

材料费:76.64元(其中电缆主材费用:73.9元)。

机械费:0.92元。

企业管理费:0.42元。

利润:0.42元。

综合单价:4.18+76.64+0.92+0.42+0.42=82.58(元/m)。

(2)每米 YJV－3＊16＋1＊10 电力电缆敷设费用的企业定额分析：
人工费:3.02 元。
材料费:39.66 元(其中电缆主材费用:37.74 元)。
机械费:0.92 元。
企业管理费:0.3 元。
利润:0.3 元。
综合单价:3.02＋39.66＋0.92＋0.3＋0.3＝44.2(元/m)。
(3)每个 YJV－3＊35＋1＊16 电力电缆头制作安装费用的企业定额分析：
人工费:39.44 元。
材料费:61.78 元。
机械费:0 元。
企业管理费:3.94 元。
利润:3.94 元。
综合单价:39.44＋61.78＋3.94＋3.94＝109.1(元/个)。
(4)每个 YJV－3＊16＋1＊10 电力电缆头制作安装费用的企业定额分析：
人工费:23.6 元。
材料费:48.69 元(其中塑料手套的主材价格:2.7 元/个)。
机械费:0 元。
企业管理费:2.36 元。
利润:2.36 元。
综合单价:23.6＋48.69＋2.36＋2.36＝77.01(元/个)。
(5)每千克电缆支架的制作安装费用的企业定额分析：
人工费:7.51 元。
材料费:5.78 元(其中 5 号角钢:4.47 元/kg)。
机械费:0.83 元。
企业管理费:0.75 元。
利润:0.75 元。
综合单价:7.51＋5.78＋0.83＋0.75＋0.75＝15.62(元/kg)。
表 4-2-9 所示为分部分项工程清单计价表。

表 4-2-9　分部分项工程清单计价表

序号	项目编码	项目名称	项目特征描述	工程量	综合单价	综合合价
1	030408001001	电力电缆敷设	型号:YJV－3＊35＋1＊16	24.09 m	82.58 元/m	1 989.35 元
2	030408001002	电力电缆敷设	型号:YJV－3＊16＋1＊10	47.15 m	44.2 元/m	2 084.03 元
3	030408006001	电力电缆头	型号:YJV－3＊35＋1＊16r 热缩式电缆头	2 个	109.1 元/个	218.2 元
4	030408006002	电力电缆头	型号:YJV－3＊16＋1＊10 热缩式电缆头	4	77.01 元/个	308.04 元
5	030413001001	电缆支架	型号:∟ 50＊50＊5	77.46	15.62 元/kg	1209.93 元

思一思

电缆敷设需要预留长度吗,预留长度是如何规定的?

知识模块3　电气调整、调试工程量计算与清单计价

一、电气调整试验工程量计算规则

电气调整试验工程量清单项目设置、项目特征描述的内容、计量单位及工程量计算规则,应按表 4-2-10 的规定执行。

表 4-2-10　电气调整试验（编码:030411）

<table>
<tr><th>项目编码</th><th>项目名称</th><th>项目特征</th><th>计量单位</th><th>工程量计算规则</th><th>工作内容</th></tr>
<tr><td>040411001</td><td>电力变压器系统</td><td>1. 名称
2. 型号
3. 容量(kV·A)</td><td rowspan="2">系统</td><td rowspan="6">按设计图示数量计算</td><td rowspan="2">系统调试</td></tr>
<tr><td>040411002</td><td>送配电装置系统</td><td>1. 名称
2. 型号
3. 电压等级(kV)
4. 类型</td></tr>
<tr><td>030411003</td><td>特殊保护装置</td><td rowspan="4">1. 名称
2. 类型</td><td>台(套)</td><td rowspan="8">调试</td></tr>
<tr><td>030411004</td><td>自动投入装置</td><td rowspan="2">系统
(台、套)</td></tr>
<tr><td>030411005</td><td>中央信号装置</td></tr>
<tr><td>030411006</td><td>事故照明切换装置</td><td>系统(台)</td></tr>
<tr><td>030411007</td><td>不间断电源</td><td>1. 名称
2. 类型
3. 容量</td><td>系统</td><td>按设计图示系统计算</td></tr>
<tr><td>030411008</td><td>母线</td><td rowspan="3">1. 名称
2. 电压等级(kV)</td><td rowspan="2">段</td><td rowspan="3">按设计图示数量计算</td></tr>
<tr><td>030411009</td><td>避雷器</td></tr>
<tr><td>030411010</td><td>电容器</td><td>组</td></tr>
<tr><td>030411011</td><td>接地装置</td><td rowspan="2">1. 名称
2. 类别</td><td>系统(组)</td><td>按设计图示系统计算</td><td>接地电阻测试</td></tr>
<tr><td>030411012</td><td>电抗器、消弧线圈</td><td>台</td><td rowspan="2">按设计图示数量计算</td><td rowspan="3">调试</td></tr>
<tr><td>030411013</td><td>电除尘器</td><td>1. 名称
2. 型号
3. 规格</td><td>组</td></tr>
<tr><td>030411014</td><td>硅整流设备、可控硅整流装置</td><td>1. 名称
2. 类别
3. 电压(V)
4. 电流(A)</td><td>系统</td><td>按设计图示系统计算</td></tr>
<tr><td>030411015</td><td>电缆试验</td><td>1. 名称
2. 电压等级(kV)</td><td>次(根)</td><td>按设计图示数量计算</td><td>试验</td></tr>
</table>

注:

①功率大于 10 kW 电动机及发电机的启动调试用的蒸汽、电力和其他动力能源消耗及变压器空载试运转的电力消耗及设备需烘干处理应说明。

②配合机械设备及其他工艺的单体试车,应按《通用安装工程工程量计算规范》(GB 50856—2013)附录 M 措施项目相关项目编码列项。

③计算机系统调试应按《通用安装工程工程量计算规范》(GB 50856—2013)附录 F 自动化控制仪表安装工程相关项目编码列项

二、清单相关问题及说明

表 4-2-10 适用于电力变压器系统、送配电装置系统、特殊保护装置(距离保护、高频保护、失灵保护、失磁保护、交流器断线保护、小电流接地保护)、自动投入装置、接地装置等系统的电气设备的本体试验和主要设备分系统调试的工程量清单项目设置与计量。

1. 清单项目的设置与计量

表 4-2-10 中的项目特征基本上是以系统名称或保护装置及设备本体名称来设置的,如变压器系统调试就以变压器的名称、型号、容量来设置。

供电系统的项目设置:1 kV 以下和直流供电系统均以电压来设置,而 10 kV 以下的交流供电系统则以供电用的负荷隔离开关、断路器和电抗器分别设置。

特殊保护装置调试的清单项目按其保护名称设置,其他均按需要调试的装置或设备的名称来设置。

计量单位多为"系统",也有"台""套""组",计算规则按设计图示数量计算。

2. 其他相关说明

调整试验项目指一个系统的调整实验，它是由多台设备、组件（配件）、网络连在一起，经过调整试验才能完成某一特定的生产过程。这个工作（调试）无法综合考虑在某一实体（仪表、设备、组件、网络）上，因此不能用物理计量单位或一般的自然计量单位来计量，只能用“系统”为单位计量。

电气调试系统的划分以设计的电气系统图为依据，具体划分可参照《通用安装工程工程量计算规范》（GB 50856—2013）的有关规定。

三、电气调整、调试工程量计算及清单组价实例

【例 4-2-3】 试计算【例 4-2-2】中送配电装置系统调试的工程量并进行清单组价。

1）计算工程量

表 4-2-11 所示为送配电装置系统调试工程量。

表 4-2-11 送配电装置系统调试工程量

名称	项目特征描述	单位	工程量	图 例
送配电装置系统	此泵站的配电室内由 5 台 PGL 型低压开关柜组成了一个低压配电系统	系统	1	

2）分部分项工程清单组价

每个小于或等于 1 kV 交流供电装置系统调试费用的企业定额分析：

人工费：190.74 元。

材料费：1.64 元。

机械费：41.05 元。

企业管理费：19.07 元。

利润：19.07。

综合单价：190.74 + 1.64 + 41.05 + 19.07 + 19.07 = 271.57（元/系统）。

表 4-2-12 所示为送配电装置系统调试清单计价表。

表 4-2-12 送配电装置系统调试清单计价表

序号	项目编码	项目名称	项目特征描述	工程量	综合单价	综合合价
1	030414002001	送配电装置系统	0.4 kV 交流供电装置系统	1 系统	271.57（元/系统）	271.57 元

思一思

电气调整试验项目为什么以“系统”为单位进行计量？

任务实施

根据某企业工程投标需求，依据工程电力配电平面图，以及相关规范、企业定额等资料，计算动力系统电机、电缆、送配电装置工程量，并进行分部分项工程清单组价，其工作程序基本包括如下步骤：

一、熟悉图纸

小组成员熟练识读电力配电平面图，根据电能传输路径仔细识别配电箱柜型号，配管、电缆、电线、电缆头等电路走向，并在此基础上计算工程量。

二、选择工程量计算规则，计算工程量

根据《通用安装工程工程量计算规范》（GB 50856—2013）区分项目类别，针对配电箱柜、配管、电缆、电线、电缆头等具体项目，根据项目特征，选择工程量计算规则，按照工程量计算规则计算地下一层动力配电工程量。

三、复核工程量

每个小组将工程量计算完成后，由小组其他人员进行校核，并与招标单位给定的工程量清单进行复核；小组复核完成后，其他小组对另外五个小组分别复核。

四、确定取费费率

根据黑龙江省住房和城乡建设厅各年度下发建筑安装工程结算参照标准及企业定额确定相应费率。

五、确定分部分项工程综合单价

根据企业定额确定消耗量指标和生产要素单价，确定完成各清单项目实际应发生的工程内容，计算工程内容的工程数量与清单单位的含量：

清单单位含量 =（某工程内容的定额工程量）/清单工程量

计算分部分项工程人工、材料、施工机具使用费，计算企业管理费和利润，汇总计算出分部分项工程综合单价。

笔记栏

【编制动力系统工程量计算及清单计价工作单】

计划单

学习情境4	建筑电气工程计量与计价		任务2	动力系统工程量计算与清单计价
工作方式	组内讨论、团结协作，共同制订计划：小组成员进行工作讨论，确定工作步骤		计划学时	0.5学时
完成人	1.＿＿＿＿ 2.＿＿＿＿ 3.＿＿＿＿ 4.＿＿＿＿ 5.＿＿＿＿ 6.＿＿＿＿			
计划依据：1. 老师给定的工程相关图纸；　2. 工程相关规范；　3. 企业定额				
序号	计划步骤	具体工作内容描述		
1	准备工作 （整理建设工程基本信息，谁去做？）			
2	组织分工 （成立组织，人员具体都完成什么？）			
3	制订两套工程量计算和组价方案 （各有何特点？）			
4	计算工程量 （分析工程量计算过程，谁负责？）			
5	汇总工程量 （汇总什么，如何汇总利于组价？）			
6	分部分项工程清单组价 （谁负责？组成要素是什么？）			
制订计划说明	（写出制订计划中人员为完成任务的主要建议或可以借鉴的建议、需要解释的某一方面）			

决 策 单

<table>
<tr><td>学习情境4</td><td colspan="2">建筑电气工程计量与计价</td><td>任务2</td><td>动力系统工程量计算与清单计价</td></tr>
<tr><td colspan="3">决策学时</td><td colspan="2">1学时</td></tr>
<tr><td colspan="5">决策目的:确定本小组认为最优的工程量计算及清单组价方案</td></tr>
<tr><td rowspan="7">方案
优劣比对</td><td rowspan="2">比对项目</td><td colspan="2">工作方案特点</td><td rowspan="2">确定最优方案
（画√）</td></tr>
<tr><td>方案名称1：</td><td>方案名称2：</td></tr>
<tr><td>计算规则选取是否准确</td><td></td><td></td><td rowspan="5">方案1优□</td></tr>
<tr><td>计算分析过程是否精确</td><td></td><td></td></tr>
<tr><td>计算公式准确性</td><td></td><td></td></tr>
<tr><td>组价要素是否全面</td><td></td><td></td></tr>
<tr><td>计算结果正确性</td><td></td><td></td></tr>
<tr><td colspan="2">方案1简介：</td><td colspan="2">方案2简介：</td><td>方案2优□</td></tr>
</table>

作 业 单

<table>
<tr><td>学习情境4</td><td>建筑电气工程计量与计价</td><td>任务2</td><td colspan="2">动力系统工程量计算与清单计价</td></tr>
<tr><td rowspan="2">参加人员</td><td colspan="2">第____组</td><td colspan="2">开始时间：</td></tr>
<tr><td colspan="2">签名：</td><td colspan="2">结束时间：</td></tr>
<tr><td>序号</td><td colspan="2">工作内容记录
（根据实施的具体工作记录，包括存在的问题及解决方法）</td><td colspan="2">分工
（负责人）</td></tr>
<tr><td></td><td colspan="2"></td><td colspan="2"></td></tr>
<tr><td></td><td colspan="2"></td><td colspan="2"></td></tr>
<tr><td></td><td colspan="2"></td><td colspan="2"></td></tr>
<tr><td></td><td colspan="2"></td><td colspan="2"></td></tr>
<tr><td></td><td colspan="2"></td><td colspan="2"></td></tr>
<tr><td></td><td colspan="2"></td><td colspan="2"></td></tr>
<tr><td></td><td colspan="2"></td><td colspan="2"></td></tr>
<tr><td></td><td colspan="2"></td><td colspan="2"></td></tr>
<tr><td></td><td colspan="2"></td><td colspan="2"></td></tr>
<tr><td></td><td colspan="2"></td><td colspan="2"></td></tr>
<tr><td></td><td colspan="2"></td><td colspan="2"></td></tr>
<tr><td></td><td colspan="2"></td><td colspan="2"></td></tr>
<tr><td rowspan="2">小结</td><td colspan="2">主要描述完成的成果及是否达到目标</td><td colspan="2">存在的问题</td></tr>
<tr><td colspan="2"></td><td colspan="2"></td></tr>
</table>

检查单

学习情境4	建筑电气工程计量与计价			任务2	动力系统工程量计算与清单计价		
检查学时		0.5 学时		第____组			
检查目的及方式		教学过程监控小组的工作情况，如检查等级为不合格，小组需要整改，并拿出整改说明					
序号	检查项目	检查标准	检查结果分级 （在检查相应的分级框内画“√”）				
			优秀	良好	中等	合格	不合格
1	准备工作	建设工程基本信息、相关依据材料是否准备完整，学习资源是否查到					
2	分工情况	安排是否合理、全面，分工是否明确					
3	工作态度	小组工作是否积极主动、全员参与					
4	纪律出勤	是否按时完成负责的工作内容，是否遵守工作纪律					
5	团队合作	是否相互协作、互相帮助、成员是否听从指挥					
6	创新意识	任务完成不照搬照抄，看问题具有独到见、解创新思维					
7	完成效率	工作单是否记录完整，是否按照计划完成任务					
8	完成质量	工作单填写是否准确					
检查评语					教师签字：		

任 务 评 价

小组工作评价单

<table>
<tr><td>学习情境 4</td><td colspan="3">建筑电气工程计量与计价</td><td>任务 2</td><td colspan="2">动力系统工程量计算与清单计价</td></tr>
<tr><td>评价学时</td><td colspan="6">0.5 学时</td></tr>
<tr><td>评价类别</td><td>项目</td><td colspan="2">子项目</td><td>个人评价</td><td>组内互评</td><td>教师评价</td></tr>
<tr><td rowspan="9">专业能力</td><td rowspan="2">准备工作
(10%)</td><td colspan="2">准备工作完整性(5%)</td><td></td><td></td><td></td></tr>
<tr><td colspan="2">工作步骤内容描述(5%)</td><td></td><td></td><td></td></tr>
<tr><td rowspan="2">计算过程
(20%)</td><td colspan="2">计算方法的正确性(10%)</td><td></td><td></td><td></td></tr>
<tr><td colspan="2">计算过程的完整性(10%)</td><td></td><td></td><td></td></tr>
<tr><td rowspan="2">计算结果
(10%)</td><td colspan="2">工程量计算结果的正确性(5%)</td><td></td><td></td><td></td></tr>
<tr><td colspan="2">清单组价结果的正确性(5%)</td><td></td><td></td><td></td></tr>
<tr><td>安全文明
(10%)</td><td colspan="2">工作过程遵守相关要求及注意事项</td><td></td><td></td><td></td></tr>
<tr><td>完成时间
(10%)</td><td colspan="2">在要求时间内完成相关任务,每超5 min 扣2分</td><td></td><td></td><td></td></tr>
<tr><td colspan="6"></td></tr>
<tr><td rowspan="2">社会能力</td><td>团结协作
(10%)</td><td colspan="2"></td><td></td><td></td><td></td></tr>
<tr><td>敬业精神
(10%)</td><td colspan="2"></td><td></td><td></td><td></td></tr>
<tr><td rowspan="2">方法能力</td><td>计划能力
(10%)</td><td colspan="2"></td><td></td><td></td><td></td></tr>
<tr><td>决策能力
(10%)</td><td colspan="2"></td><td></td><td></td><td></td></tr>
<tr><td rowspan="2">评价评语</td><td>班　　级</td><td></td><td>姓　　名</td><td></td><td>学号</td><td>总评</td></tr>
<tr><td>教师签字</td><td></td><td>第　　组</td><td>组长签字</td><td></td><td>日期</td></tr>
</table>

小组成员素质评价单

学习情境4	建筑电气工程计量与计价			任务2	动力系统工程量计算与清单计价		
班　　级		第___组			成员姓名		
评分说明	每个小组成员评价分为自评和小组其他成员评价两部分,取平均值计算,作为该小组成员的任务评价个人分数。评价项目共设计5个,依据评分标准给予合理量化打分。小组成员自评分后,要找小组其他成员以不记名方式打分						
评分项目	评分标准	自评(100分)	成员1(100分)	成员2(100分)	成员3(100分)	成员4(100分)	成员5(100分)
核心价值观(20分)	是否践行社会主义核心价值观						
工作态度(20分)	是否按时完成负责的工作内容、遵守纪律,是否积极主动参与小组工作且全过程参与,是否吃苦耐劳、具有工匠精神						
交流沟通(20分)	是否能良好地表达自己的观点,是否能倾听他人的观点						
团队合作(20分)	是否与小组成员合作完成任务,是否做到相互协作、互相帮助、听从指挥						
创新意识(20分)	看问题是否能独立思考、提出独到见解,是否能够运用创新思维解决遇到的问题						
最终小组成员得分							

课后反思

学习情境4	建筑电气工程计量与计价		任务2	动力系统工程量计算与清单计价
班　　级		第____组	成员姓名	
情感反思	通过对本任务的学习和实践,你认为自己在社会主义核心价值观、职业素养、学习和工作态度等方面有哪些需要提高的部分?			
知识反思	通过对本任务的学习,你掌握了哪些知识点?请画出思维导图。			
技能反思	在完成本任务的学习和实训过程中,你主要掌握了哪些技能?			
方法反思	在完成本任务的学习和实践过程中,你主要掌握了哪些分析和解决问题的方法?			

任务 3　防雷接地系统工程量计算与清单计价

任 务 单

<table>
<tr><td>学习情境 4</td><td colspan="3">建筑电气工程计量与计价</td><td>任务 3</td><td colspan="2">防雷接地系统工程量计算与清单计价</td></tr>
<tr><td>任务学时</td><td colspan="6">4 学时</td></tr>
<tr><td colspan="7">布置任务</td></tr>
<tr><td>任务目标</td><td colspan="6">1. 能够运用《通用安装工程工程量计算规范》(GB 50856—2013),完成接地母线、避雷引下线、避雷网等工程量计算规则的选择;
2. 能正确计算接地母线、避雷引下线、避雷网等工程量;
3. 能熟练进行接地母线、避雷引下线、避雷网等分部分项工程清单组价;
4. 能够在完成任务过程中锻炼职业素养,做到工作严谨认真,能够吃苦耐劳、主动承担,能够主动帮助小组的其他成员,有团队意识,诚实守信</td></tr>
<tr><td>任务描述</td><td colspan="6">文本
防雷接地系统工程量计算与清单计价施工图

根据招标文件、施工图纸等资料,查阅工程量计算规范,正确选择工程量计算规则,计算并核对该工程防雷接地系统工程量,包括:避雷网、避雷引下线、接地母线等的工程量,并详细分析工程量计算过程;根据企业定额、计价规范等资料,进行分部分项工程清单组价</td></tr>
<tr><td rowspan="2">学时安排</td><td>资讯</td><td>计划</td><td>决策</td><td>实施</td><td>检查</td><td>评价</td></tr>
<tr><td>0.5 学时</td><td>0.5 学时</td><td>1 学时</td><td>1 学时</td><td>0.5 学时</td><td>0.5 学时</td></tr>
<tr><td>对学生学习及成果的要求</td><td colspan="6">1. 每名同学均能按照资讯思维导图自主学习;
2. 严格遵守课堂纪律,不迟到、不早退,学习态度认真、端正;
3. 能够熟练识读防雷接地工程施工图;具备一定的实践动手能力、自学能力、数据计算能力及计算机操作能力;
4. 小组讨论防雷接地系统工程量计算的方案,能够确定防雷接地系统工程量的计算规则,掌握工程量计算及清单组价方法,能够正确计算工程量并进行清单组价;
5. 积极参与小组工作任务讨论,协作完成课堂任务,具备一定的团队沟通协调能力、语言表达能力和团队意识;
6. 讲解工程量计算及清单组价过程,接受教师与学生的点评,同时参与小组自评与互评</td></tr>
</table>

思维导图

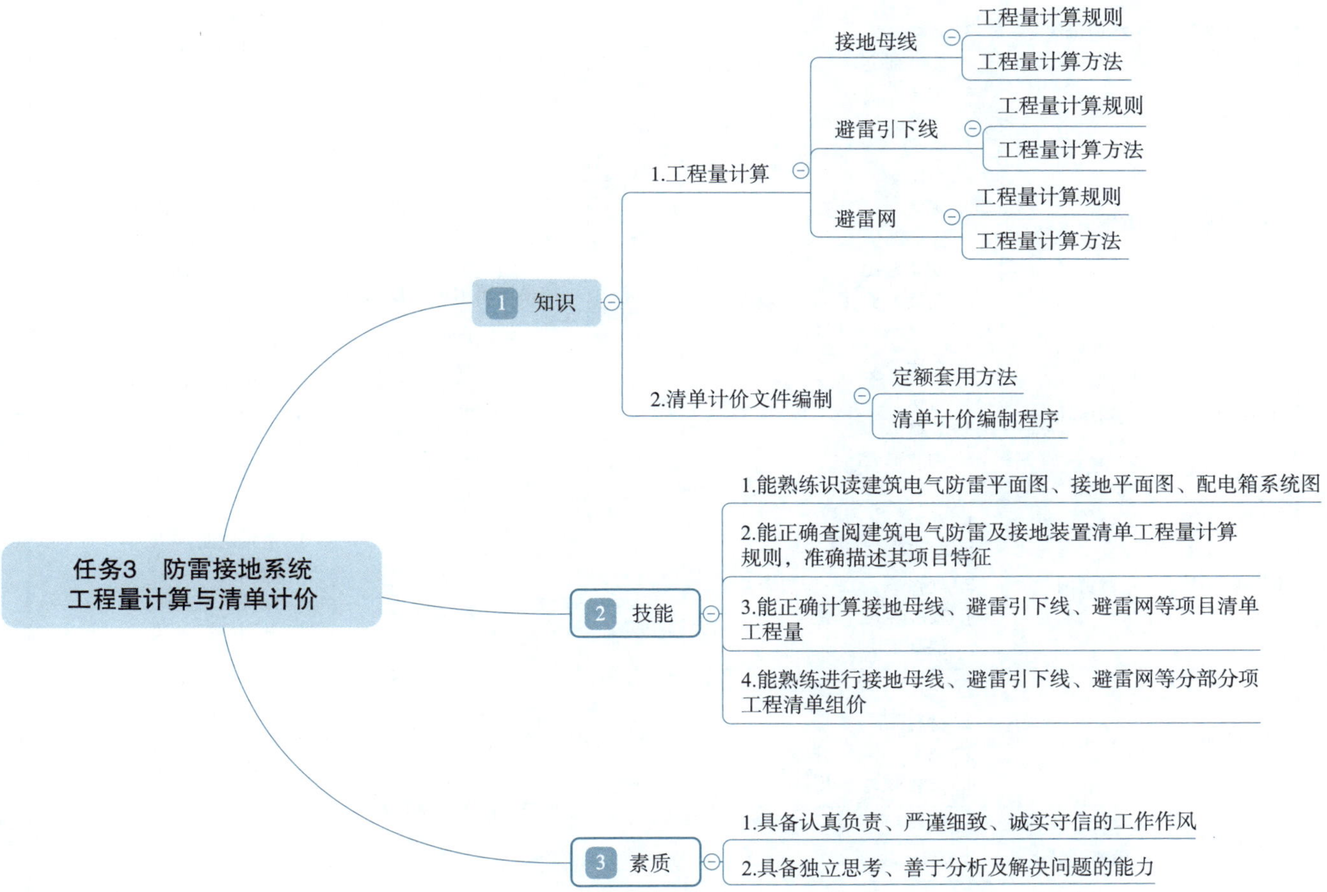

课前自学

【防雷接地系统分部分项清单项目】

《通用安装工程工程量计算规范》(GB 50856—2013)附录D电气设备安装工程中，设置了14个小节149个清单项目，防雷接地系统由接闪器、引下线、接地装置三部分组成。防雷及接地装置清单项目包括：接地极、接地母线、避雷引下线，均压环，避雷网，避雷针，半导体少长针消雷装置，等电位端子箱、测试板，绝缘垫，浪涌保护器，降阻剂。

一、防雷及接地装置工程量计算规则

防雷及接地装置工程量清单项目设置、项目特征描述的内容、计量单位及工程量计算规则，应按表4-3-1的规定执行。

表4-3-1　防雷及接地装置(编码:030409)

项目编码	项目名称	项目特征	计量单位	工程量计算规则	工作内容
030409001	接地极	1. 名称 2. 材质 3. 规格 4. 土质 5. 基础接地形式	根(块)	按设计图示数量计算	1. 接地极(板、桩)制作、安装 2. 基础接地网安装 3. 补刷(喷)油漆

续表

项目编码	项目名称	项目特征	计量单位	工程量计算规则	工作内容
030409002	接地母线	1. 名称 2. 材质 3. 规格 4. 安装部位 5. 安装形式	m	按设计图示尺寸以长度计算	1. 接地母线制作、安装 2. 补刷(喷)油漆
030409003	避雷引下线	1. 名称 2. 材质 3. 规格 4. 安装部位 5. 安装形式 6. 断接卡子、箱材质、规格			1. 避雷引下线制作、安装 2. 断接卡子、箱制作、安装 3. 利用主钢筋焊接 4. 补刷(喷)油漆
030409004	均压环	1. 名称 2. 材质 3. 规格 4. 安装形式			1. 均压环敷设 2. 钢铝窗接地 3. 柱主筋与圈梁焊接 4. 利用圈梁钢筋焊接 5. 补刷(喷)油漆
030409005	避雷网	1. 名称 2. 材质 3. 规格 4. 安装形式 5. 混凝土块标号			1. 避雷网制作、安装 2. 跨接 3. 混凝土块制作 4. 补刷(喷)油漆
030409006	避雷针	1. 名称 2. 材质 3. 规格 4. 安装形式、高度	根	按设计图示数量计算	1. 避雷针制作、安装 2. 跨接 3. 补刷(喷)油漆
030409007	半导体少长针消雷装置	1. 型号 2. 高度	套		本体安装
030409008	等电位端子箱、测试板	1. 名称 2. 材质 3. 规格	台(块)		
030409009	绝缘垫		m^2	按设计图示尺寸以展开面积计算	1. 制作 2. 安装
030409010	浪涌保护器	1. 名称 2. 规格 3. 安装形式 4. 防雷等级	个	按设计图示数量计算	1. 本体安装 2. 接线 3. 接地
030409011	降阻剂	名称	kg	按设计图示数量以质量计算	1. 挖土 2. 施放降阻剂 3. 回填土 4. 运输

注:
①利用桩基础作接地板,应描述桩台下桩的根数,每桩几根柱筋需焊接。其工程量计入柱引下线的工程量。
②利用柱筋作引下线的,需描述是几根柱筋焊接作为引下线。
③使用电缆、电线作接地线,应按《通用安装工程工程量计算规范》(GB 50856—2013)附录 D. 8、D. 12 相关项目编码列项。

二、清单相关问题及说明

表 4-3-1 适用于接地装置和避雷装置安装等工程的工程量清单的编制与计量。接地装置包括生产、生活用的安全接地、防静电接地、保护接地等一切接地装置的安装,避雷装置包括建筑物、构筑物、金属塔器等防雷装置,由受雷体、引下线、接地干线、接地极组成一个系统。

1. 清单项目的设置与计量

依据设计图关于接地或防雷装置的内容,对应表 4-3-1 的项目特征,表述其项目名称,并有相对应的编码、计量单位和计算规则。根据“工程内容”一栏的提示，描述该项目的工程内容，如避雷针系统，其的特征有：名称，材质，规格，安装形式、高度。

例如某建筑上设有避雷针防雷装置。清单项目名称为避雷针防雷系统安装。具体设计要求为：1 根钢管避雷针 $\phi 25$，针长 2.5 m，平屋面上安装，利用柱筋引下（2 根柱），接地极∟ 50×50×5 等边角钢，接地母线扁钢 40×4。

以上特征必须表述清楚。装饰的部位也很重要，它影响到安装费用，如：装在烟囱上；装在平面屋顶上；装在墙上；装在金属容器顶上；装在金属容器壁上；装在构筑物上。

2. 其他相关说明

（1）利用桩基础作接地极时，应描述桩台下桩的根数，每桩几根柱筋需焊接。其工程量可进入柱引下线的工程量中一并计算。

（2）利用桩筋做引下线的，一定要描述是几根桩筋焊接作为引下线。

（3）“m”的单价，要包括特征和“工程内容”中所有的各项费用之和。

三、防雷接地系统工程量计算及清单组价实例

（一）工程量计算方法

表 4-3-2 所示为接地母线、引下线、避雷网附加长度。

表 4-3-2　接地母线、引下线、避雷网附加长度

项目	附加长度	说明
接地母线、引下线、避雷网附加长度	3.9%	按接地母线、引下线、避雷网全长计算

（二）工程量计算及清单组价实例

【例 4-3-1】 某大厦防雷及接地装置如图 4-3-1 所示，试计算其工程量并按企业定额进行组价。

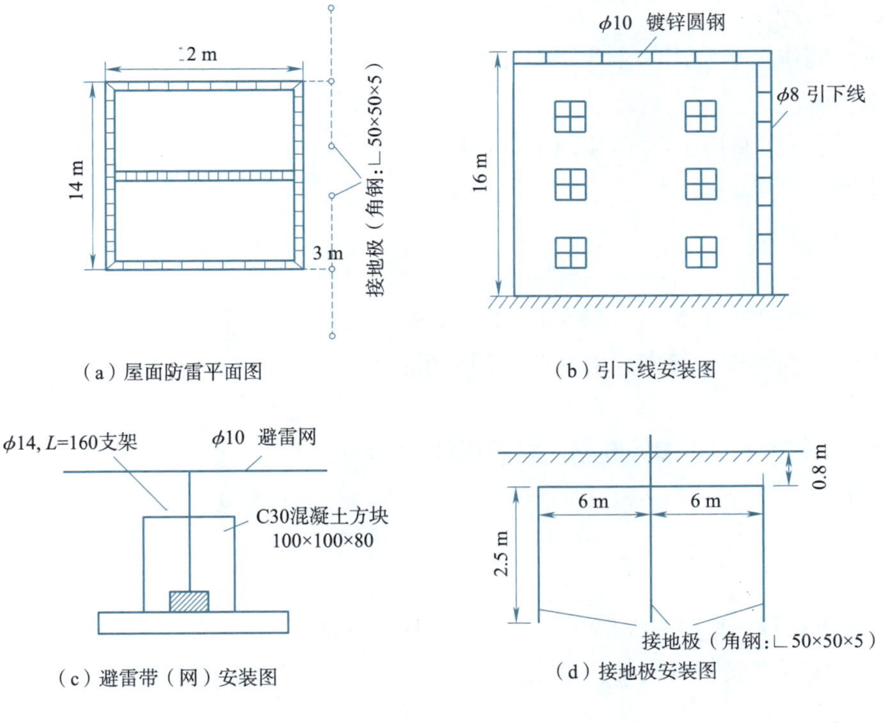

图 4-3-1　某大厦防雷接地装置图

1）计算防雷接地装置工程量

表 4-3-3 所示为防雷接地装置工程量计算分析，表 4-3-4 所示为防雷接地装置工程量计算。

表 4-3-3　防雷接地装置工程量计算分析

名称	规格型号	计量单位	计算式	工程量	图　例
避雷网	Φ10 热镀锌圆钢	m	(14×2+12×2)×(1+3.9%)	54.03	
避雷引下线	Φ8 热镀锌圆钢	m	[(16+1)×2-2×2]×(1+3.9%)	31.17	
接地母线	-40×4 热镀锌扁钢	m	(3×2+6×4+0.8×2)×(1+3.9%)	32.83	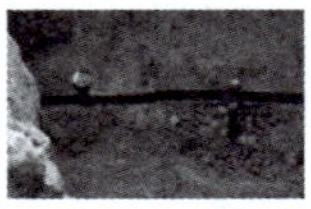
接地极	∟50×50×5 角钢	根	1×6	6	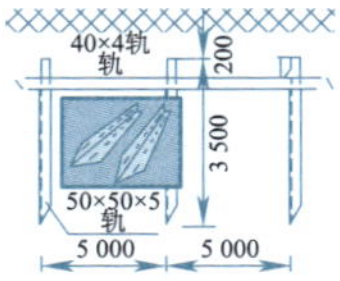

表 4-3-4　防雷接地装置工程量计算

序号	项目编码	项目名称	项目特征描述	单位	工程量	备注
1	030409005001	避雷网	Φ10 热镀锌圆钢	m	54.03	
2	030409003001	避雷引下线	Φ8 热镀锌圆钢	m	31.17	
3	030409002001	接地母线	-40×4 热镀锌扁钢，埋深 0.8 m	m	32.83	
4	030409001001	接地极	∟50×50×5 角钢，每根长度 2.5 m	根	6	

2)分部分项工程清单组价

(1)每米避雷网制作安装费用的企业定额分析：

人工费:10.15 元。

材料费:5.21 元(其中 Φ10 热镀锌圆钢主材费用:2.63 元)。

机械费:1.51 元。

企业管理费:1.02 元。

利润:1.02 元。

综合单价:10.15+5.21+1.51+1.02+1.02=18.91(元/m)。

(2)每米避雷引下线制作安装费用的企业定额分析：

人工费:5.49 元。

材料费:2.71 元(其中 Φ8 热镀锌圆钢主材费用:1.49 元)。

机械费:1.44 元。

企业管理费:0.55 元。

利润:0.55 元。

综合单价:5.49+2.71+1.44+0.55+0.55=10.74(元/m)。

(3)每米接地母线制作安装费用的企业定额分析：

人工费:8.09 元。

材料费:6.76 元(其中 -40×4 热镀锌扁钢主材费用:5.57 元)。

机械费:0.63 元。

企业管理费:0.81 元。

利润:0.81 元。

综合单价:8.09 +6.76 +0.63 +0.81 +0.81 =17.1(元/m)。

(4)每根接地极制作安装费用的企业定额分析:

人工费:18.73 元。

材料费:48.06 元(其中∟ 50 ×50 ×5 角钢主材费用:45.39 元)。

机械费:10.55 元。

企业管理费:1.87 元。

利润:1.87 元。

综合单价:18.73 +48.06 +10.55 +1.87 +1.87 =81.08(元/根)。

表 4-3-5 所示为分部分项工程清单计价表。

表 4-3-5　分部分项工程清单计价表

序号	项目编码	项目名称	项目特征描述	工程量	综合单价	综合合价
1	030409005001	避雷网	Φ10 热镀锌圆钢	54.03 m	18.91 元/m	1 021.71 元
2	030409003001	避雷引下线	Φ8 热镀锌圆钢	31.17 m	10.74 元/m	334.77 元
3	030409002001	接地母线	-40 ×4 热镀锌扁钢,埋深 0.8m	32.83 m	17.1 元/m	561.39 元
4	030409001001	接地极	∟ 50 ×50 ×5 角钢,每根长度 2.5 m	6 根	81.08 元/根	486.48 元

思一思

避雷网附加长度 3.9% ,包括那些部位的长度?

任务实施

根据某企业投标需求，依据工程防雷、接地平面图，以及相关规范、企业定额等资料，计算该工程接地极、接地母线、避雷网、避雷引下线等工程量，并进行分部分项工程清单组价，其工作程序基本包括如下步骤：

一、熟悉图纸

小组成员在充分了解设计说明的基础上，熟练识读建筑防雷、接地平面图，仔细辨别避雷网敷设方式、避雷引下线接地间距及埋深，充分识读施工图后进行工程量计算。

二、选择工程量计算规则，计算工程量

根据《通用安装工程工程量计算规范》(GB 50856—2013)区分项目类别，针对接地极、接地母线、避雷网、避雷引下线等具体项目，根据项目特征，选择工程量计算规则，按照工程量计算规则进行工程量计算。

三、复核工程量

每个小组将工程量计算完成后，由小组其他人员进行校核，并与招标单位给定的工程量清单进行复核；小组复核完成后，其他小组对另外五个小组分别复核。

四、确定取费费率

根据黑龙江省住房和城乡建设厅各年度下发建筑安装工程结算参照标准及企业定额确定相应费率。

五、确定分部分项工程综合单价

根据企业定额确定消耗量指标和生产要素单价，确定完成各清单项目实际应发生的工程内容，计算工程内容的工程数量与清单单位的含量：

清单单位含量 =（某工程内容的定额工程量）/清单工程量

计算分部分项工程人工、材料、施工机具使用费，计算企业管理费和利润，汇总计算出分部分项工程综合单价。

笔记栏

【编制防雷接地系统工程量计算及清单计价工作单】

计划单

学习情境 4	建筑电气工程计量与计价		任务 3	防雷接地系统工程量计算与清单计价
工作方式	组内讨论、团结协作，共同制订计划：小组成员进行工作讨论，确定工作步骤		计划学时	0. 5 学时
完成人	1. ______ 2. ______ 3. ______ 4. ______ 5. ______ 6. ______			
计划依据：1. 老师给定的工程相关图纸； 2. 工程相关规范； 3. 企业定额				
序号	计划步骤	具体工作内容描述		
1	准备工作 （整理建设工程基本信息，谁去做？）			
2	组织分工 （成立组织，人员具体都完成什么？）			
3	制订两套工程量计算和组价方案 （各有何特点？）			
4	计算工程量 （分析工程量计算过程，谁负责？）			
5	汇总工程量 （汇总什么，如何汇总利于组价？）			
6	分部分项工程清单组价 （谁负责？ 组成要素是什么？）			
制订计划说明	（写出制订计划中人员为完成任务的主要建议或可以借鉴的建议、需要解释的某一方面）			

决 策 单

<table>
<tr><td>学习情境 4</td><td colspan="2">建筑电气工程计量与计价</td><td>任务 3</td><td colspan="2">防雷接地系统工程量计算与清单计价</td></tr>
<tr><td colspan="3">决策学时</td><td colspan="3">1 学时</td></tr>
<tr><td colspan="6">决策目的：确定本小组认为最优的工程量计算及清单组价方案</td></tr>
<tr><td rowspan="7">方案
优劣比对</td><td rowspan="2">比对项目</td><td colspan="3">工作方案特点</td><td rowspan="2">确定最优方案
（画√）</td></tr>
<tr><td>方案名称 1：</td><td colspan="2">方案名称 2：</td></tr>
<tr><td>计算规则选取是否准确</td><td></td><td colspan="2"></td><td rowspan="6">方案 1 优□

方案 2 优□</td></tr>
<tr><td>计算分析过程是否精确</td><td></td><td colspan="2"></td></tr>
<tr><td>计算公式准确性</td><td></td><td colspan="2"></td></tr>
<tr><td>组价要素是否全面</td><td></td><td colspan="2"></td></tr>
<tr><td>计算结果正确性</td><td></td><td colspan="2"></td></tr>
<tr><td colspan="2">方案 1 简介：</td><td colspan="3">方案 2 简介：</td></tr>
</table>

作业单

<table>
<tr><td>学习情境4</td><td>建筑电气工程计量与计价</td><td>任务3</td><td>防雷接地系统工程量计算与清单计价</td></tr>
<tr><td rowspan="2">参加人员</td><td colspan="2">第____组</td><td>开始时间：</td></tr>
<tr><td colspan="2">签名：</td><td>结束时间：</td></tr>
<tr><td>序号</td><td colspan="2">工作内容记录
（根据实施的具体工作记录，包括存在的问题及解决方法）</td><td>分工
（负责人）</td></tr>
<tr><td></td><td colspan="2"></td><td></td></tr>
<tr><td></td><td colspan="2"></td><td></td></tr>
<tr><td></td><td colspan="2"></td><td></td></tr>
<tr><td></td><td colspan="2"></td><td></td></tr>
<tr><td></td><td colspan="2"></td><td></td></tr>
<tr><td></td><td colspan="2"></td><td></td></tr>
<tr><td></td><td colspan="2"></td><td></td></tr>
<tr><td></td><td colspan="2"></td><td></td></tr>
<tr><td></td><td colspan="2"></td><td></td></tr>
<tr><td></td><td colspan="2"></td><td></td></tr>
<tr><td></td><td colspan="2"></td><td></td></tr>
<tr><td></td><td colspan="2"></td><td></td></tr>
<tr><td rowspan="2">小结</td><td colspan="2">主要描述完成的成果及是否达到目标</td><td>存在的问题</td></tr>
<tr><td colspan="2"></td><td></td></tr>
</table>

检 查 单

<table>
<tr><td>学习情境4</td><td colspan="2">建筑电气工程计量与计价</td><td colspan="2">任务3</td><td colspan="4">防雷接地系统工程量计算与清单计价</td></tr>
<tr><td colspan="2">检查学时</td><td colspan="3">0.5学时</td><td colspan="4">第____组</td></tr>
<tr><td colspan="2">检查目的及方式</td><td colspan="7">教学过程监控小组的工作情况，如检查等级为不合格小组需要整改，并拿出整改说明</td></tr>
<tr><td rowspan="2">序号</td><td rowspan="2">检查项目</td><td rowspan="2">检查标准</td><td colspan="5">检查结果分级
（在检查相应的分级框内画“√”）</td></tr>
<tr><td>优秀</td><td>良好</td><td>中等</td><td>合格</td><td>不合格</td></tr>
<tr><td>1</td><td>准备工作</td><td>建设工程基本信息、相关依据材料是否准备完整，学习资源是否查到</td><td></td><td></td><td></td><td></td><td></td></tr>
<tr><td>2</td><td>分工情况</td><td>安排是否合理、全面，分工是否明确</td><td></td><td></td><td></td><td></td><td></td></tr>
<tr><td>3</td><td>工作态度</td><td>小组工作是否积极主动、全员参与</td><td></td><td></td><td></td><td></td><td></td></tr>
<tr><td>4</td><td>纪律出勤</td><td>是否按时完成负责的工作内容，是否遵守工作纪律</td><td></td><td></td><td></td><td></td><td></td></tr>
<tr><td>5</td><td>团队合作</td><td>是否相互协作、互相帮助，成员是否听从指挥</td><td></td><td></td><td></td><td></td><td></td></tr>
<tr><td>6</td><td>创新意识</td><td>任务完成不照搬照抄，看问题具有独到见解、创新思维</td><td></td><td></td><td></td><td></td><td></td></tr>
<tr><td>7</td><td>完成效率</td><td>工作单是否记录完整，是否按照计划完成任务</td><td></td><td></td><td></td><td></td><td></td></tr>
<tr><td>8</td><td>完成质量</td><td>工作单填写是否准确</td><td></td><td></td><td></td><td></td><td></td></tr>
<tr><td>检查评语</td><td colspan="6"></td><td colspan="2">教师签字：</td></tr>
</table>

任 务 评 价

小组工作评价单

<table>
<tr><td>学习情境 4</td><td colspan="3">建筑电气工程计量与计价</td><td>任务 3</td><td colspan="3">防雷接地系统工程量计算与清单计价</td></tr>
<tr><td>评价学时</td><td colspan="7">0.5 学时</td></tr>
<tr><td>评价类别</td><td>项目</td><td colspan="2">子项目</td><td colspan="2">个人评价</td><td>组内互评</td><td>教师评价</td></tr>
<tr><td rowspan="8">专业能力</td><td rowspan="2">准备工作（10%）</td><td colspan="2">准备工作完整性（5%）</td><td colspan="2"></td><td></td><td></td></tr>
<tr><td colspan="2">工作步骤内容描述（5%）</td><td colspan="2"></td><td></td><td></td></tr>
<tr><td rowspan="2">计算过程（20%）</td><td colspan="2">计算方法的正确性（10%）</td><td colspan="2"></td><td></td><td></td></tr>
<tr><td colspan="2">计算过程的完整性（10%）</td><td colspan="2"></td><td></td><td></td></tr>
<tr><td rowspan="2">计算结果（10%）</td><td colspan="2">工程量计算结果的正确性（5%）</td><td colspan="2"></td><td></td><td></td></tr>
<tr><td colspan="2">清单组价结果的正确性（5%）</td><td colspan="2"></td><td></td><td></td></tr>
<tr><td>安全文明（10%）</td><td colspan="2">工作过程遵守相关要求及注意事项</td><td colspan="2"></td><td></td><td></td></tr>
<tr><td>完成时间（10%）</td><td colspan="2">在要求时间内完成相关任务，每超 5 min 扣 2 分</td><td colspan="2"></td><td></td><td></td></tr>
<tr><td rowspan="2">社会能力</td><td>团结协作（10%）</td><td colspan="2"></td><td colspan="2"></td><td></td><td></td></tr>
<tr><td>敬业精神（10%）</td><td colspan="2"></td><td colspan="2"></td><td></td><td></td></tr>
<tr><td rowspan="2">方法能力</td><td>计划能力（10%）</td><td colspan="2"></td><td colspan="2"></td><td></td><td></td></tr>
<tr><td>决策能力（10%）</td><td colspan="2"></td><td colspan="2"></td><td></td><td></td></tr>
<tr><td rowspan="2">评价评语</td><td>班　级</td><td></td><td>姓　名</td><td></td><td>学号</td><td></td><td>总评</td></tr>
<tr><td>教师签字</td><td></td><td>第　组</td><td>组长签字</td><td></td><td></td><td>日期</td></tr>
</table>

小组成员素质评价单

学习情境 4	建筑电气工程计量与计价		任务 3	防雷接地系统工程量计算与清单计价			
班　　级		第____组		成员姓名			
评分说明	每个小组成员评价分为自评和小组其他成员评价两部分，取平均值计算，作为该小组成员的任务评价个人分数。评价项目共设计 5 个，依据评分标准给予合理量化打分。小组成员自评分后，要找小组其他成员以不记名方式打分						
评分项目	评分标准	自评（100 分）	成员 1（100 分）	成员 2（100 分）	成员 3（100 分）	成员 4（100 分）	成员 5（100 分）
核心价值观（20 分）	是否践行社会主义核心价值观的思想及行动						
工作态度（20 分）	是否按时完成负责的工作内容、遵守纪律，是否积极主动参与小组工作且全过程参与，是否吃苦耐劳、具有工匠精神						
交流沟通（20 分）	是否能良好地表达自己的观点，是否能倾听他人的观点						
团队合作（20 分）	是否与小组成员合作完成任务，是否做到相互协作、互相帮助、听从指挥						
创新意识（20 分）	看问题是否能独立思考、提出独到见解，是否能够运用创新思维解决遇到的问题						
最终小组成员得分							

课后反思

学习情境4	建筑电气工程计量与计价	任务3	防雷接地系统工程量计算与清单计价
班　　级		第____组	成员姓名
情感反思	通过对本任务的学习和实践，你认为自己在社会主义核心价值观、职业素养、学习和工作态度等方面有哪些需要提高的部分？		
知识反思	通过对本任务的学习，你掌握了哪些知识点？请画出思维导图。		
技能反思	在完成本任务的学习和实训过程中，你主要掌握了哪些技能？		
方法反思	在完成本任务的学习和实践过程中，你主要掌握了哪些分析和解决问题的方法？		

学习情境5

建筑消防工程计量与计价

学习指南

情境导入

某消防施工单位拟参加某工程消防工程投标，建设单位委托某咨询公司为其编制招标文件，本工程为某棚改项目地下车库，建筑面积27 434.76 m²，建筑高度4.2 m，地下1层，共7个防火分区，486个车位。要求施工企业按照招标文件、施工图纸、《通用安装工程工程量计算规范》(GB 50856—2013)、《建设工程工程量清单计价规范》(GB 50500—2013)、企业定额等相关资料编制该工程投标文件。通过本学习情境的学习，能够独立计算水灭火系统、气体灭火系统、火灾自动报警系统等的工程量，进行分部分项工程清单组价，进而编制工程投标文件，从而胜任安装工程造价工程师岗位工作。

学习目标

1. 知识目标

(1)能够阐述建筑消防工程的组成。

(2)能够阐述建筑消防工程工程量计算规则。

(3)能够阐述建筑消防工程工程量计算方法。

(4)能够总结出建筑消防分部分项工程清单计价的程序。

(5)能够阐述现行的人工、材料及机械台班单价和计价标准。

2. 能力目标

(1)能熟练识读建筑消防工程施工图。

(2)能根据《通用安装工程工程量计算规范》(GB 50856—2013)完成建筑消防工程工程量计算。

(3)能运用《建设工程工程量清单计价规范》(GB 50500—2013)及企业定额完成建筑消防分部分项工程清单组价。

3. 素质目标

(1)具备积极探索和勇于创新的职业精神。

(2)具备吃苦耐劳、诚实守信的工作作风。

工作任务

1. 水灭火系统工程量计算及清单计价	参考学时：3学时
2. 气体灭火系统工程量计算及清单计价	参考学时：3学时
3. 火灾自动报警系统工程量计算及清单计价	参考学时：4学时

任务1　水灭火系统工程量计算与清单计价

任 务 单

<table>
<tr><td>学习情境5</td><td colspan="3">建筑消防工程计量与计价</td><td>任务1</td><td colspan="2">水灭火系统工程量计算与清单计价</td></tr>
<tr><td>任务学时</td><td colspan="6">3学时</td></tr>
<tr><td colspan="7">布置任务</td></tr>
<tr><td>任务目标</td><td colspan="6">1. 熟练识读消防工程施工图；
2. 能正确描述消火栓系统、自动喷淋系统项目特征，准确查出工程量计算规则；
3. 能正确计算消火栓系统、自动喷淋系统工程量；
4. 能熟练进行消火栓系统、自动喷淋系统分部分项工程清单组价；
5. 能够在完成任务过程中锻炼职业素养，做到工作程序严谨认真，能够主动帮助小组落后的成员，有团队意识，诚实守信，培养“忠诚可靠、赴汤蹈火、服务人民”新时期公安消防精神</td></tr>
<tr><td>任务描述</td><td colspan="6">文本
水灭火系统工程量计算与清单计价施工图
根据招标文件、施工图纸等资料，查阅工程量计算规范，正确选择工程量计算规则，计算并核对某棚改项目地下车库水灭火系统工程量，包括：地下一层车库消火栓系统和自动喷淋系统的工程量，并详细分析工程量计算过程；根据企业定额、计价规范等资料，进行分部分项工程清单组价</td></tr>
<tr><td rowspan="2">学时安排</td><td>资讯</td><td>计划</td><td>决策</td><td>实施</td><td>检查</td><td>评价</td></tr>
<tr><td>0.5学时</td><td>0.5学时</td><td>0.5学时</td><td>0.5学时</td><td>0.5学时</td><td>0.5学时</td></tr>
<tr><td>对学生学习及成果的要求</td><td colspan="6">1. 每名同学均能按照资讯思维导图自主学习；
2. 严格遵守课堂纪律，不迟到、不早退，学习态度认真、端正；
3. 能够熟练识读建筑消防工程施工图；具备一定的实践动手能力、自学能力、数据计算能力及计算机操作能力；
4. 小组讨论水灭火系统工程量计算的方案，能够确定水灭火系统工程量的计算规则，掌握水灭火系统工程量计算及清单组价方法，能够正确计算水灭火系统的工程量，正确进行水灭火系统的清单计价；
5. 积极参与小组工作任务讨论，协作完成课堂任务，具备一定的团队沟通协调能力、语言表达能力和团队意识；
6. 讲解工程量计算及清单组价过程，接受教师与学生的点评，积极参与小组自评与互评</td></tr>
</table>

思维导图

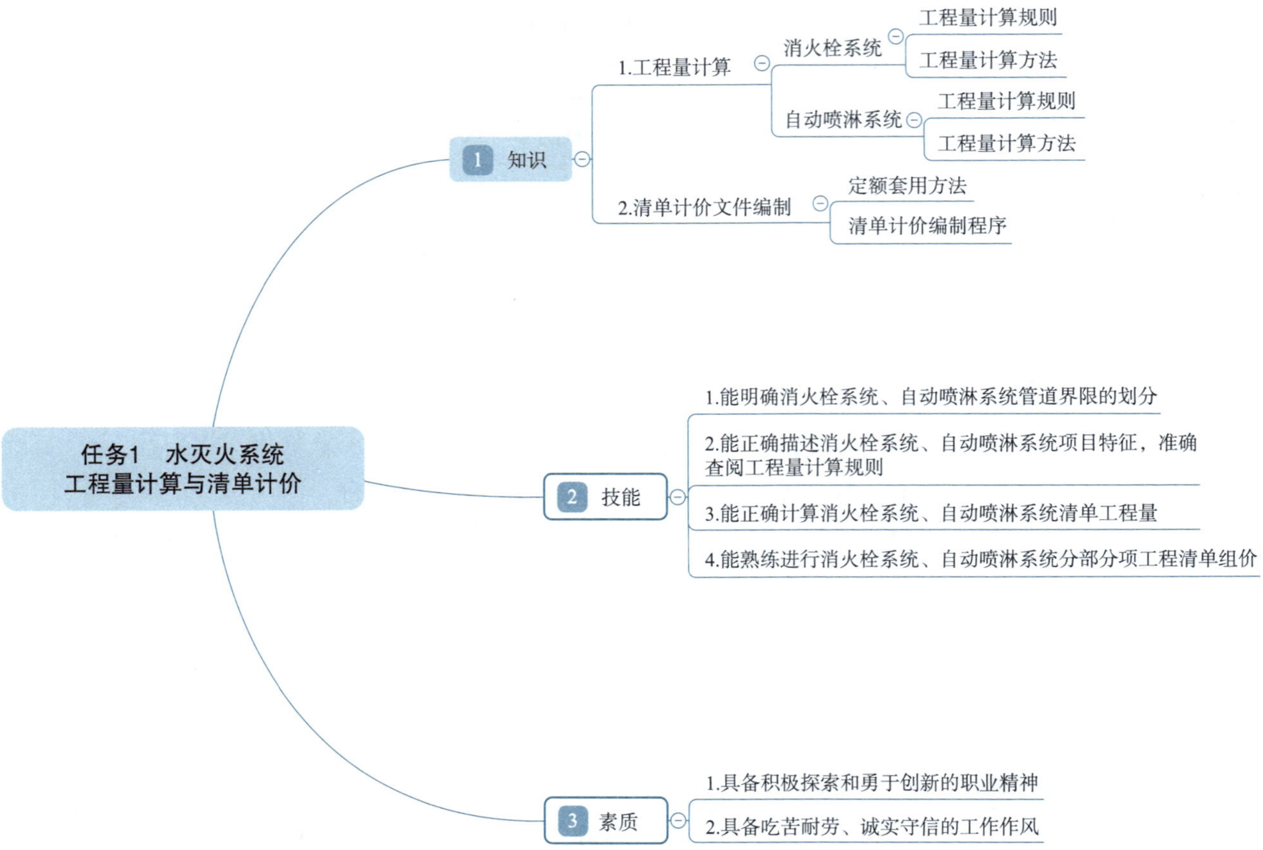

课前自学

【水灭火系统分部分项清单项目】

《通用安装工程工程量计算规范》(GB 50856—2013)附录I消防工程中,设置了5个小节50个清单项目,水灭火系统清单项目包括:水喷淋钢管、消火栓钢管、水喷淋(雾)喷头、报警装置、温感式水幕装置、水流指示器、减压孔板等14项内容。

一、水灭火系统工程量计算规则

水灭火系统工程量清单项目设置、项目特征描述的内容、计量单位及工程量计算规则,应按表5-1-1的规定执行。

表5-1-1　水灭火系统(编码:030901)

项目编码	项目名称	项目特征	计量单位	工程量计算规则	工作内容
030901001	水喷淋钢管	1. 安装部位 2. 材质、规格 3. 连接形式 4. 钢管镀锌设计要求 5. 压力试验及冲洗设计要求 6. 管道标识设计要求	m	按设计图示管道中心线以长度计算	1. 管道及管件安装 2. 钢管镀锌及二次安装 3. 压力试验 4. 冲洗 5. 管道标识
030901002	消火栓钢管				

续表

项目编码	项目名称	项目特征	计量单位	工程量计算规则	工作内容
030901003	水喷淋(雾)喷头	1. 安装部位 2. 材质、型号、规格 3. 连接形式 4. 装饰盘材质、型号	个	按设计图示数量计算	1. 安装 2. 装饰盘安装 3. 严密性试验
030901004	报警装置	1. 名称 2. 型号、规格	组		安装
030901005	温感式水幕装置	1. 型号、规格 2. 连接形式	组		安装
030901006	水流指示器	1. 规格、型号 2. 连接形式	个		
030901007	减压孔板	1. 材质、规格 2. 连接形式			
030901008	末端试水装置	1. 规格 2. 组装形式	组		
030901009	集热板制作安装	1. 材质 2. 支架形式	个		1. 制作、安装 2. 支架制作、安装
030901010	室内消火栓	1. 安装方式 2. 型号、规格 3. 附件材质、规格	套		1. 箱体及消火栓安装 2. 配件安装
030901011	室外消火栓				1. 安装 2. 配件安装
030901012	消防水泵接合器	1. 安装部位 2. 型号、规格 3. 附件材质、规格			1. 安装 2. 附件安装
030901013	灭火器	1. 形式 2. 规格、型号	具（组）		设置
030901014	消防水炮	1. 水炮类型 2. 压力等级 3. 保护半径	台		1. 本体安装 2. 调试

注：

①水灭火管道工程量计算，不扣除阀门、管件及各种组件所占长度，以延长米计算。

②水喷淋（雾）喷头安装部位应区分有吊顶、无吊顶。

③报警装置适用于：湿式报警装置、电动雨淋报警装置、预制作用报警装置等报警装置安装。报警装置安装包括装配管（除水力警铃进水管）的安装，水力警铃进水管并入消防管道工程量。其中：

- 湿式报警装置包括内容：湿式阀、蝶阀、装配管、供水压力表、装置压力表、试验阀、泄放试验阀、泄放试验管、试验管流量计、过滤器、延时器、水力警铃、报警截止阀、漏斗、压力开关等。
- 干湿两用报警装置包括内容：两用阀、蝶阀、装配管、加速器、加速器压力表、供水压力表、试验阀、泄放试验阀（湿式、干式）、挠性接头、泄放试验管、试验管流量计、排气阀、截止阀、漏斗、过滤器、延时器、水力警铃、压力开关等。
- 电动雨淋报警装置包括内容：雨淋阀、蝶阀、装配管、压力表、泄放试验阀、流量表、截止阀、注水阀、止回阀、电磁阀、排水阀、手动应急球阀、报警试验阀、漏斗、压力开关、过滤器、水力警铃等。
- 预作用报警装置包括内容：报警阀、控制蝶阀、压力表、流量表、截止阀、排放阀、注水阀、止回阀、泄放阀、报警试验阀、液压切断阀、装配管、供水检验管、气压开关、试压电磁阀、空压机、应急手动试压器、漏斗、过滤器、水力警铃等。

④温感式水幕装置，包括给水三通至喷头、阀门间的管道、管件、阀门、喷头等全部内容的安装。

⑤末端试水装置，包括压力表、控制阀等附件安装。末端试水装置安装中不含连接管及排水管安装，其工程量并入消防管道。

⑥室内消火栓，包括消火栓箱、消火栓、水枪、水龙头、水龙带接扣、自救卷盘、挂架、消防按钮；落地消火栓箱包括箱内手提灭火器。

⑦室外消火栓，安装方式分地上式、地下式；地上式消火栓安装包括地上式消火栓、法兰接管、弯管底座；地下式消火栓安装包括地下式消火栓、法兰接管、弯管底座或消火栓三通。

⑧消防水泵接合器，包括法兰接管及弯头安装，接合器井内阀门、弯管底座、标牌等附件安装。

⑨减压孔板若在法兰盘内安装，其法兰计入组价中。

⑩消防水炮：分普通手动水炮、智能控制水炮。

二、清单相关问题及说明

（1）管道界限的划分：

①喷淋系统水灭火管道:室内外界限应以建筑物外墙皮 1.5 m 为界,入口处设阀门者应以阀门为界;设在高层建筑物内消防泵间管道应以泵间外墙皮为界。

②消火栓管道:给水管道室内外界限划分应以外墙皮 1.5 m 为界,入口处设阀门者应以阀门为界。

③与市政给水管道的界限:以水表井为界;无水表井的,以与市政给水管道碰头点为界。

(2)凡涉及管沟及井类的土石方开挖、垫层、基础、砌筑、抹灰、地井盖板预制安装、回填、运输、路面开挖及修复、管道支墩等,应按《房屋建筑与装饰工程工程量计算规范》《市政工程工程量计算规范》相关项目编码列项。

(3)消防水泵房内的管道,应按《通用安装工程工程量计算规范》(GB 50856—2013)附录 H 工业管道工程相关项目编码列项;消防管道如需进行探伤,应按《通用安装工程工程量计算规范》(GB 50856—2013)附录 H 工业管道工程相关项目编码列项。

(4)消防管道上的阀门、管道及设备支架、套管制作安装,应按《通用安装工程工程量计算规范》(GB 50856—2013)附录 J 给排水、采暖、燃气工程相关项目编码列项。

(5)本任务管道及设备除锈、刷油、保温,除注明者外,均应按《通用安装工程工程量计算规范》(GB 50856—2013)附录 L 刷油、防腐蚀、绝热工程相关项目编码列项。

(6)消防工程措施项目,应按《通用安装工程工程量计算规范》(GB 50856—2013)附录 M 措施项目相关项目编码列项。

三、水灭火系统工程量计算及清单组价实例

【例 5-1-1】 某消防设备安装工程,工程内容为某大厦的综合娱乐室内消防系统安装工程。该建筑共两层,层高均为 3.9 m,一层安设三套消火栓装置,二层安设喷淋装置。图 5-1-1 所示为一层消火栓平面图,图 5-1-2 所示为二层喷淋装置安装平面图,图 5-1-3 所示为建筑物消火栓安装管道系统图,图 5-1-4 所示为喷淋装置系统图。试计算该消防系统的工程量并根据企业定额进行组价。

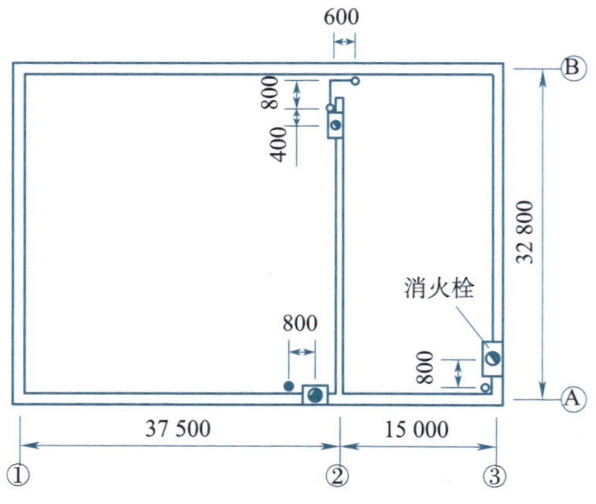

图 5-1-1　一层消火栓平面图

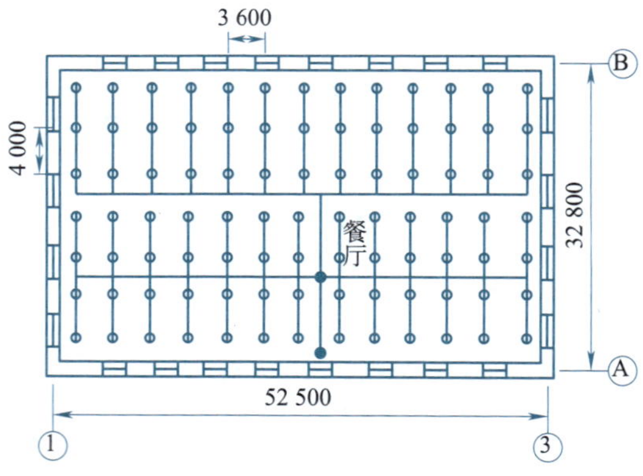

图 5-1-2　二层喷淋装置平面图

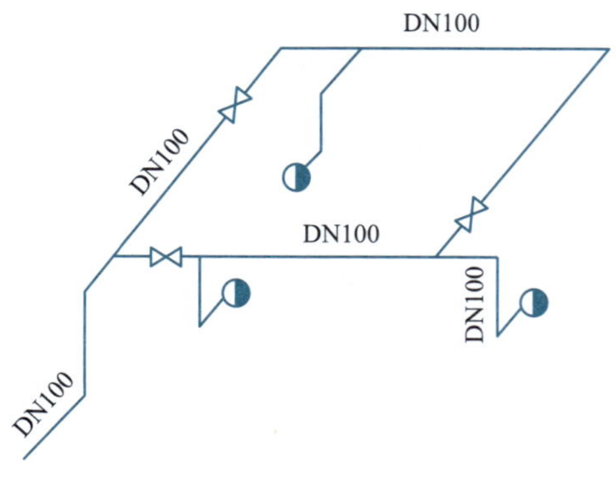

图 5-1-3　消火栓系统图

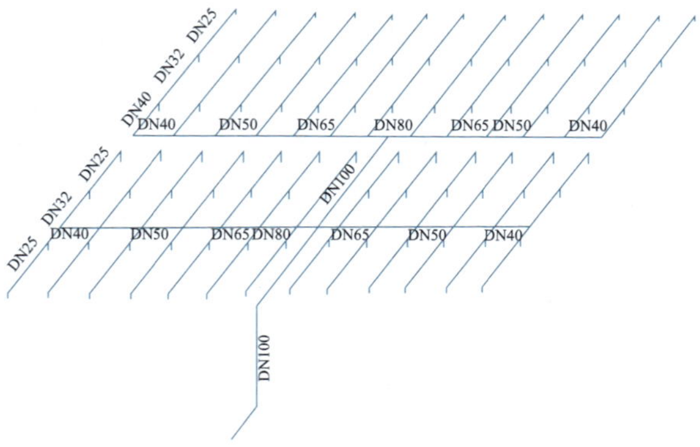

图 5-1-4　喷淋装置系统图

1）工程量计算

表5-1-2所示为工程量分析计算，表5-1-3所示为工程量计算表。

表5-1-2　工程量分析计算

序号	名称	计量单位	部位	计算公式	工程量	图　例
1	镀锌钢管DN100	m	消火栓系统	1.5＋3.9＋0.6＋0.4＋32.8×2＋15×2＋0.8×3＋2.8×3	112.8	
2	镀锌钢管DN100	m	室内喷淋	（11.5＋3.9×2＋1.5）＋11.5	32.3	
3	镀锌钢管DN80	m	室内喷淋	1.8＋1.8＋3.6×4	18	
4	镀锌钢管DN65	m	室内喷淋	3.6×7	25.2	
5	镀锌钢管DN50	m	室内喷淋	3.6×8	28.8	
6	镀锌钢管DN40	m	室内喷淋	2×13＋3.6×2＋3.6×2	40.4	
7	镀锌钢管DN32	m	室内喷淋	4.0×26	104	
8	镀锌钢管DN25	m	室内喷淋	4.0×26	104	
9	镀锌钢管DN15	m	室内喷淋	91×0.25	22.75	
10	消火栓DN65	套	室内	1×3	3	
11	液流型水喷头	个	室内	7×13	91	
12	DN100，ZSS型湿式自动报警阀1组	组	室内		1	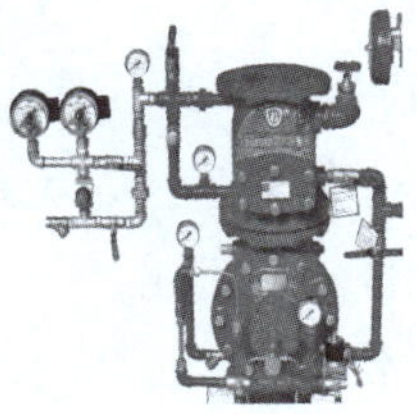
13	DN100法兰连接水流指示器1个	个	水平干管		1	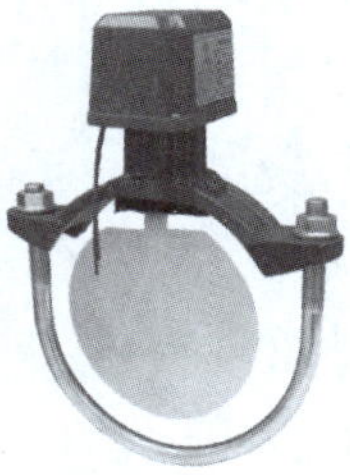
14	管道支吊架	kg	室内		160	

表 5-1-3 工程量计算表

序号	项目编码	项目名称	项目特征描述	单位	工程量	备注
1	030901002001	消火栓钢管	室内镀锌钢管,螺纹连接,DN100	m	112.8	
2	030901001001	水喷淋钢管	室内镀锌钢管,螺纹连接,DN100	m	32.3	
3	030901001002	水喷淋钢管	室内镀锌钢管,螺纹连接,DN80	m	18	
4	030901001003	水喷淋钢管	室内镀锌钢管,螺纹连接,DN65	m	25.2	
5	030901001004	水喷淋钢管	室内镀锌钢管,螺纹连接,DN50	m	28.8	
6	030901001005	水喷淋钢管	室内镀锌钢管,螺纹连接,DN40	m	40.4	
7	030901001006	水喷淋钢管	室内镀锌钢管,螺纹连接,DN32	m	104	
8	030901001007	水喷淋钢管	室内镀锌钢管,螺纹连接,DN25	m	104	
9	030901001008	水喷淋钢管	室内镀锌钢管,螺纹连接,DN15	m	22.75	
10	030901010001	消火栓	单枪,DN65,室内消火栓	套	3	
11	030901003001	水喷淋喷头	液流型水喷头,DN15	个	91	
12	030901004001	湿式自动报警阀	型号 ZSS 规格:DN100	组	1	
13	030901006001	接水流指示器	DN100,法兰连接	个	1	
14	031002001001	管道支吊架	手工除锈,两次防锈漆	kg	160	

2)分部分项工程清单组价

(1)每米 DN100 消火栓用镀锌钢管制作安装费用的企业定额分析:

人工费:30.4 元。

材料费:57.49 元(其中 DN100 镀锌钢管的主材价格:51.02 元/m)。

机械费:2.34 元。

企业管理费:4.26 元。

利润:6.69 元。

综合单价:30.4 +57.49 +2.34 +4.26 +6.69 =101.18(元/m)。

(2)每米 DN100 自动喷淋用镀锌钢管制作安装费用的企业定额分析:

人工费:34.02 元。

材料费:59.56 元(其中 DN100 镀锌钢管的主材价格:51.02 元/m)。

机械费:2.39 元。

企业管理费:4.76 元。

利润:7.48 元。

综合单价:34.02 +59.56 +2.39 +4.76 +7.48 =108.21(元/m)。

(3)每米 DN80 自动喷淋用镀锌钢管制作安装费用的企业定额分析:

人工费:31.94 元。

材料费:49.29 元(其中 DN80 镀锌钢管的主材价格:40.95 元/m)。

机械费:1.58 元。

企业管理费:4.47 元。

利润:7.03 元。

综合单价:31.94 +49.29 +1.58 +4.47 +7.03 =94.31(元/m)。

(4)每米 DN65 自动喷淋用镀锌钢管制作安装费用的企业定额分析:

人工费:30.42 元。

材料费:33.53 元(其中 DN65 镀锌钢管的主材价格:25.29 元/m)。

机械费:1.29 元。

企业管理费:4.26 元。

利润:6.69 元。

综合单价:30.42 +33.53 +1.29 +4.26 +6.69 =76.19(元/m)。

(5)每米 DN50 自动喷淋用镀锌钢管制作安装费用的企业定额分析：

人工费:28. 13 元。

材料费:27. 99 元(其中 DN50 镀锌钢管的主材价格:19. 08 元/m)。

机械费:1. 17 元。

企业管理费:3. 94 元。

利润:6. 19 元。

综合单价:28. 13 +27. 99 +1. 17 +3. 94 +6. 19 =67. 42(元/m)。

(6)每米 DN40 自动喷淋用镀锌钢管制作安装费用的企业定额分析：

人工费:26. 74 元。

材料费:22. 77 元(其中 DN40 镀锌钢管的主材价格:15. 12 元/m)。

机械费:0. 8 元。

企业管理费:3. 74 元。

利润:5. 88 元。

综合单价:26. 74 +22. 77 +0. 8 +3. 74 +5. 88 =59. 93(元/m)。

(7)每米 DN32 自动喷淋用镀锌钢管制作安装费用的企业定额分析：

人工费:22. 48 元。

材料费:18. 22 元(其中 DN32 镀锌钢管的主材价格:11. 83 元/m)。

机械费:0. 6 元。

企业管理费:3. 15 元。

利润:4. 95 元。

综合单价:22. 48 +18. 22 +0. 6 +3. 15 +4. 95 =49. 4(元/m)。

(8)每米 DN25 自动喷淋用镀锌钢管制作安装费用的企业定额分析：

人工费:17. 26 元。

材料费:11. 67 元(其中 DN25 镀锌钢管的主材价格:8. 89 元/m)。

机械费:0. 46 元。

企业管理费:2. 42 元。

利润:3. 8 元。

综合单价:17. 26 +11. 67 +0. 46 +2. 42 +3. 8 =35. 61(元/m)。

(9)每米 DN15 自动喷淋用镀锌钢管制作安装费用的企业定额分析：

人工费:17. 26 元。

材料费:7. 62 元(其中 DN25 镀锌钢管的主材价格:3. 53 元/m)。

机械费:0. 46 元。

企业管理费:2. 42 元。

利润:3. 8 元。

综合单价:17. 26 +7. 62 +0. 46 +2. 42 +3. 8 =31. 56(元/m)。

(10)每套 DN65 室内消火栓安装费用的企业定额分析：

人工费:90. 75 元。

材料费:480. 15 元(其中 DN65 室内消火栓的主材价格:479. 31 元/套)。

机械费:0. 5 元。

企业管理费:12. 71 元。

利润:19. 97 元。

综合单价:90. 75 +480. 15 +0. 5 +12. 71 +19. 97 =604. 08(元/套)。

(11)每个水喷淋喷头的安装费用的企业定额分析：

人工费:9. 92 元。

材料费:19. 33 元(其中水喷淋喷头的主材价格:17. 5 元/个)。

机械费:0.16 元。

企业管理费:1.39 元。

利润:2.18 元。

综合单价:9.92 + 19.33 + 0.16 + 1.39 + 2.18 = 32.98(元/个)。

(12)每组湿式报警阀组的安装费用的企业定额分析:

人工费:366.33 元。

材料费:1 969.2 元(其中湿式报警阀组的主材价格:1 680 元/组)。

机械费:0.4 元。

企业管理费:51.29 元。

利润:80.59 元。

综合单价:366.33 + 1 969.2 + 0.4 + 51.29 + 80.59 = 2 467.81(元/组)。

(13)每个水喷淋喷头的安装费用的企业定额分析:

人工费:108.14 元。

材料费:253.1 元(其中水喷淋喷头的主材价格:135.96 元/个)。

机械费:2.08 元。

企业管理费:15.14 元。

利润:23.79 元。

综合单价:108.14 + 253.1 + 2.08 + 15.14 + 23.79 = 402.25(元/个)。

(14)每 kg 消防管道支架制作安装费用的企业定额分析:

人工费:7.51 元。

材料费:5.78 元(其中 5#角钢主材价格:4.47 元/kg)。

机械费:0.82 元。

企业管理费:1.05 元。

利润:1.66 元。

综合单价:7.51 + 5.78 + 0.82 + 1.05 + 1.66 = 16.82(元/kg)。

表 5-1-4 所示为分部分项工程清单计价表。

表 5-1-4　分部分项工程清单计价表

序号	项目编码	项目名称	项目特征描述	工程量	综合单价	综合合价
1	030901002001	消火栓钢管	室内镀锌钢管,螺纹连接,DN100	112.8 m	101.18 元/m	11 413.10 元
2	030901001001	水喷淋钢管	室内镀锌钢管,螺纹连接,DN100	32.3 m	108.21 元/m	3 495.18 元
3	030901001002	水喷淋钢管	室内镀锌钢管,螺纹连接,DN80	18 m	94.31 元/m	1 697.58 元
4	030901001003	水喷淋钢管	室内镀锌钢管,螺纹连接,DN65	25.2 m	76.19 元/m	1 919.99 元
5	030901001004	水喷淋钢管	室内镀锌钢管,螺纹连接,DN50	28.8 m	67.42 元/m	1 941.70 元
6	030901001005	水喷淋钢管	室内镀锌钢管,螺纹连接,DN40	40.4 m	59.93 元/m	2 421.17 元
7	030901001006	水喷淋钢管	室内镀锌钢管,螺纹连接,DN32	104 m	49.4 元/m	5 137.60 元
8	030901001007	水喷淋钢管	室内镀锌钢管,螺纹连接,DN25	104 m	35.61 元/m	3 703.44 元
9	030901001008	水喷淋钢管	室内镀锌钢管,螺纹连接,DN15	22.75 m	31.56 元/m	717.99 元
10	030901010001	消火栓	单枪,DN65,室内消火栓	3 套	604.08 元/套	1 812.24 元
11	030901003001	水喷淋喷头	液流型水喷头,DN15	91 个	32.98 元/个	3 001.18 元
12	030901004001	湿式自动报警阀	型号 ZSS,规格 DN100	1 组	2 467.81 元/组	2 467.81 元
13	030901006001	接水流指示器	DN100,法兰连接	1 个	402.25 元/个	402.25 元
14	031002001001	管道支吊架	手工除锈,两次防锈漆	160 kg	16.82 元/kg	2 691.20 元

忆一忆

室内消火栓的清单工程量计算单位是什么?

任务实施

根据某企业工程投标需求，依据工程系统图、一层及二层消火栓平面图，以及相关规范、企业定额等资料，计算管道、阀门、消火栓、报警装置等工程量，并进行分部分项工程清单组价，其工作程序基本包括如下步骤：

一、熟悉图纸

小组成员在充分了解设计说明的基础上，熟练识读系统原理图、平面图，仔细辨别管径规格、数量及阀门类型等，充分识读施工图后进行工程量计算。

二、选择工程量计算规则，计算工程量

根据《通用安装工程工程量计算规范》(GB 50856—2013)区分项目类别，针对管道、阀门、消火栓、报警装置等具体项目，根据项目特征，选择工程量计算规则，按照工程量计算规则进行工程量计算。

三、复核工程量

每个小组将工程量计算完成后，由小组其他人员进行校核，并与招标单位给定的工程量清单进行复核；小组复核完成后，其他小组对另外五个小组分别复核。

四、确定取费费率

根据黑龙江省住房和城乡建设厅各年度下发建筑安装工程结算参照标准及企业定额确定相应费率。

五、确定分部分项工程综合单价

根据企业定额确定消耗量指标和生产要素单价，确定完成各清单项目实际应发生的工程内容，计算工程内容的工程数量与清单单位的含量：

清单单位含量 =（某工程内容的定额工程量）/清单工程量

计算分部分项工程人工、材料、施工机具使用费，计算企业管理费和利润，汇总计算出分部分项工程综合单价。

笔记栏

【编制水灭火系统工程量计算及清单计价工作单】

计划单

学习情境5	建筑消防工程计量与计价	任务1	水灭火系统工程量计算与清单计价
工作方式	组内讨论、团结协作共同制订计划：小组成员进行工作讨论，确定工作步骤	计划学时	0.5学时
完成人	1.______ 2.______ 3.______ 4.______ 5.______ 6.______		
计划依据：1. 老师给定的工程相关图纸； 2. 工程相关规范； 3. 企业定额			

序号	计划步骤	具体工作内容描述
1	准备工作 （整理建设工程基本信息，谁去做？）	
2	组织分工 （成立组织，人员具体都完成什么？）	
3	制订两套工程量计算和组价方案 （各有何特点？）	
4	计算工程量 （分析工程量计算过程，谁负责？）	
5	汇总工程量 （汇总什么，如何汇总利于组价？）	
6	分部分项工程清单组价 （谁负责？ 组成要素是什么？）	
制订计划说明	（写出制订计划中人员为完成任务的主要建议或可以借鉴的建议、需要解释的某一方面）	

决 策 单

<table>
<tr><td>学习情境5</td><td colspan="2">建筑消防工程计量与计价</td><td>任务1</td><td colspan="2">水灭火系统工程量计算与清单计价</td></tr>
<tr><td colspan="3">决策学时</td><td colspan="3">0.5学时</td></tr>
<tr><td colspan="6">决策目的：确定本小组认为最优的工程量计算及清单组价方案</td></tr>
<tr><td rowspan="8">方案
优劣比对</td><td rowspan="2" colspan="2">比对项目</td><td colspan="2">工作方案特点</td><td rowspan="2">确定最优方案
（画√）</td></tr>
<tr><td>方案名称1：</td><td>方案名称2：</td></tr>
<tr><td colspan="2">计算规则选取是否准确</td><td></td><td></td><td rowspan="6">方案1优□</td></tr>
<tr><td colspan="2">计算分析过程是否精确</td><td></td><td></td></tr>
<tr><td colspan="2">计算公式准确性</td><td></td><td></td></tr>
<tr><td colspan="2">组价要素是否全面</td><td></td><td></td></tr>
<tr><td colspan="2">计算结果正确性</td><td></td><td></td></tr>
<tr><td colspan="2"></td><td></td><td></td></tr>
<tr><td colspan="3">方案1简介：</td><td colspan="2">方案2简介：</td><td>方案2优□</td></tr>
</table>

作 业 单

学习情境5	建筑消防工程计量与计价	任务1	水灭火系统工程量计算与清单计价
参加人员	第____组		开始时间：
	签名：		结束时间：
序号	工作内容记录 （根据实施的具体工作记录，包括存在的问题及解决方法）		分工 （负责人）
小结	主要描述完成的成果及是否达到目标		存在的问题

检 查 单

学习情境5	建筑消防工程计量与计价		任务1	水灭火系统工程量计算与清单计价			
检查学时		0.5学时		第___组			
检查目的及方式		教学过程监控小组的工作情况，如检查等级为不合格，小组需要整改，并拿出整改说明					
序号	检查项目	检查标准	检查结果分级（在检查相应的分级框内画“√”）				
			优秀	良好	中等	合格	不合格
1	准备工作	建设工程基本信息、相关依据材料是否准备完整，学习资源是否查到					
2	分工情况	安排是否合理、全面，分工是否明确					
3	工作态度	小组工作是否积极主动、全员参与					
4	纪律出勤	是否按时完成负责的工作内容，是否遵守工作纪律					
5	团队合作	是否相互协作、互相帮助，成员是否听从指挥					
6	创新意识	任务完成不照搬照抄，看问题具有独到见解、创新思维					
7	完成效率	工作单是否记录完整，是否按照计划完成任务					
8	完成质量	工作单填写是否准确					
检查评语						教师签字：	

任 务 评 价

小组工作评价单

<table>
<tr><td>学习情境 5</td><td colspan="2">建筑消防工程计量与计价</td><td>任务 1</td><td colspan="3">水灭火系统工程量计算与清单计价</td></tr>
<tr><td>评价学时</td><td colspan="6">0.5 学时</td></tr>
<tr><td>评价类别</td><td>项目</td><td>子项目</td><td>个人评价</td><td>组内互评</td><td colspan="2">教师评价</td></tr>
<tr><td rowspan="8">专业能力</td><td rowspan="2">准备工作
(10%)</td><td>准备工作完整性(5%)</td><td></td><td></td><td colspan="2"></td></tr>
<tr><td>工作步骤内容描述(5%)</td><td></td><td></td><td colspan="2"></td></tr>
<tr><td rowspan="2">计算过程
(20%)</td><td>计算方法的正确性(10%)</td><td></td><td></td><td colspan="2"></td></tr>
<tr><td>计算过程的完整性(10%)</td><td></td><td></td><td colspan="2"></td></tr>
<tr><td rowspan="2">计算结果
(10%)</td><td>工程量计算结果的正确性(5%)</td><td></td><td></td><td colspan="2"></td></tr>
<tr><td>清单组价结果的正确性(5%)</td><td></td><td></td><td colspan="2"></td></tr>
<tr><td>安全文明
(10%)</td><td>工作过程遵守相关要求及注意事项</td><td></td><td></td><td colspan="2"></td></tr>
<tr><td>完成时间
(10%)</td><td>在要求时间内完成相关任务，每超 5 min 扣 2 分</td><td></td><td></td><td colspan="2"></td></tr>
<tr><td rowspan="2">社会能力</td><td>团结协作
(10%)</td><td></td><td></td><td></td><td colspan="2"></td></tr>
<tr><td>敬业精神
(10%)</td><td></td><td></td><td></td><td colspan="2"></td></tr>
<tr><td rowspan="2">方法能力</td><td>计划能力
(10%)</td><td></td><td></td><td></td><td colspan="2"></td></tr>
<tr><td>决策能力
(10%)</td><td></td><td></td><td></td><td colspan="2"></td></tr>
<tr><td rowspan="2">评价评语</td><td>班　　级</td><td></td><td>姓　　名</td><td></td><td>学号</td><td>总评</td></tr>
<tr><td>教师签字</td><td></td><td>第　　组</td><td>组长签字</td><td></td><td>日期</td></tr>
</table>

小组成员素质评价单

学习情境5	建筑消防工程计量与计价			任务1	水灭火系统工程量计算与清单计价	
班　级		第___组		成员姓名		
评分说明	每个小组成员评价分为自评和小组其他成员评价两部分，取平均值计算，作为该小组成员的任务评价个人分数。评价项目共设计5个，依据评分标准给予合理量化打分。小组成员自评分后，要找小组其他成员以不记名方式打分					

评分项目	评分标准	自评（100分）	成员1（100分）	成员2（100分）	成员3（100分）	成员4（100分）	成员5（100分）
核心价值观（20分）	是否践行社会主义核心价值观						
工作态度（20分）	是否按时完成负责的工作内容、遵守纪律，是否积极主动参与小组工作且全过程参与，是否吃苦耐劳、具有工匠精神						
交流沟通（20分）	是否能良好地表达自己的观点，是否能倾听他人的观点						
团队合作（20分）	是否与小组成员合作完成任务，是否做到相互协作、互相帮助、听从指挥						
创新意识（20分）	看问题是否能独立思考、提出独到见解，是否能够运用创新思维解决遇到的问题						
最终小组成员得分							

课 后 反 思

<table>
<tr><td>学习情境 5</td><td colspan="2">建筑消防工程计量与计价</td><td>任务 1</td><td colspan="2">水灭火系统工程量计算与清单计价</td></tr>
<tr><td>班　　级</td><td></td><td>第____组</td><td>成员姓名</td><td colspan="2"></td></tr>
<tr><td>情感反思</td><td colspan="5">通过对本任务的学习和实践，你认为自己在社会主义核心价值观、职业素养、学习和工作态度等方面有哪些需要提高的部分？</td></tr>
<tr><td>知识反思</td><td colspan="5">通过对本任务的学习，你掌握了哪些知识点？请画出思维导图。</td></tr>
<tr><td>技能反思</td><td colspan="5">在完成本任务的学习和实训过程中，你主要掌握了哪些技能？</td></tr>
<tr><td>方法反思</td><td colspan="5">在完成本任务的学习和实践过程中，你主要掌握了哪些分析和解决问题的方法？</td></tr>
</table>

任务 2　气体灭火系统工程量计算与清单计价

任 务 单

<table>
<tr><td>学习情境 5</td><td colspan="3">建筑消防工程计量与计价</td><td>任务 2</td><td colspan="2">气体灭火系统工程量计算与清单计价</td></tr>
<tr><td>任务学时</td><td colspan="6">3 学时</td></tr>
<tr><td colspan="7">布置任务</td></tr>
<tr><td>任务目标</td><td colspan="6">1. 能熟练识读消防工程施工图；
2. 能正确描述气体灭火系统项目特征，准确查出工程量计算规则；
3. 能正确计算二氧化碳灭火系统、七氟丙烷灭火系统工程量；
4. 能熟练进行二氧化碳灭火系统、七氟丙烷灭火系统分部分项工程清单组价；
5. 能够在完成任务过程中锻炼职业素养，做到工作程序严谨认真，有团队意识，诚实守信，培养认真负责、严谨细致的工作作风</td></tr>
<tr><td>任务描述</td><td colspan="6">根据招标文件、施工图纸等资料，查阅工程量计算规范，正确选择工程量计算规则，计算并核对某棚改项目地下车库气体灭火系统工程量，包括：地下一层车库二氧化碳灭火系统和七氟丙烷灭火系统的工程量，并详细分析工程量计算过程；根据企业定额、计价规范等资料，进行分部分项工程清单组价
文本
气体灭火系统工程量计算与清单计价施工图</td></tr>
<tr><td rowspan="2">学时安排</td><td>资讯</td><td>计划</td><td>决策</td><td>实施</td><td>检查</td><td>评价</td></tr>
<tr><td>0.5 学时</td><td>0.5 学时</td><td>0.5 学时</td><td>0.5 学时</td><td>0.5 学时</td><td>0.5 学时</td></tr>
<tr><td>对学生学习及成果的要求</td><td colspan="6">1. 每名同学均能按照资讯思维导图自主学习；
2. 严格遵守课堂纪律，不迟到、不早退，学习态度认真、端正；
3. 能够熟练识读建筑消防工程施工图；具备一定的实践动手能力、自学能力、数据计算能力及计算机操作能力；
4. 小组讨论气体灭火系统工程量计算的方案，能够确定气体灭火系统工程量的计算规则，掌握工程量计算及清单组价方法，能够正确计算工程量并进行清单组价；
5. 积极参与小组工作任务讨论，协作完成课堂任务，具备一定的团队沟通协调能力、语言表达能力和团队意识；
6. 讲解工程量计算及清单组价过程，接受教师与学生的点评，同时参与小组自评与互评</td></tr>
</table>

思维导图

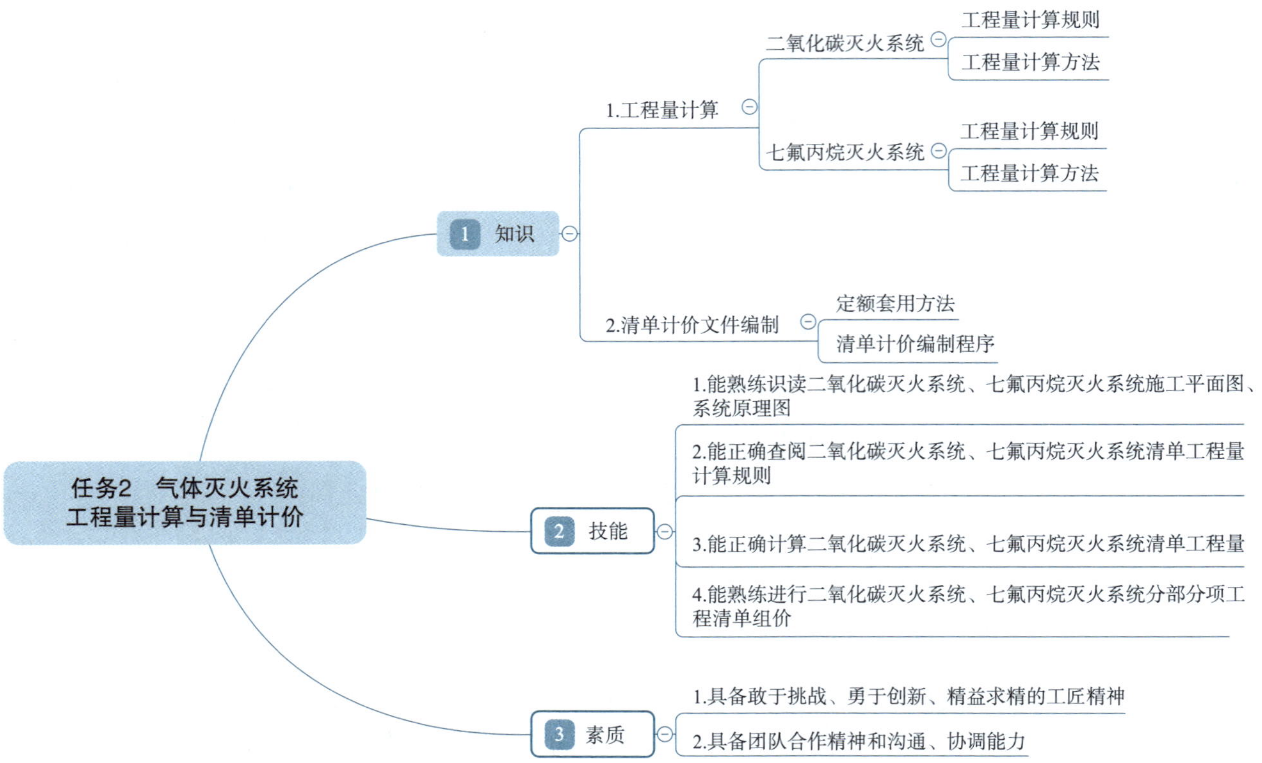

课前自学

【气体灭火系统分部分项清单项目】

《通用安装工程工程量计算规范》(GB 50856—2013)附录 I 消防工程中,设置了 5 个小节 50 个清单项目,气体灭火系统清单项目包括:无缝钢管、不锈钢管、不锈钢管管件、气体驱动装置管道、选择阀、气体喷头、贮存装置、称重检漏装置、无管网气体灭火装置等 9 项内容组成。

一、气体灭火系统工程量计算规则

气体灭火系统工程量清单项目设置、项目特征描述的内容、计量单位及工程量计算规则,应按表 5-2-1 的规定执行。

表 5-2-1　气体灭火系统(编码:030902)

项目编码	项目名称	项目特征	计量单位	工程量计算规则	工作内容
030902001	无缝钢管	1. 介质 2. 材质、压力等级 3. 规格 4. 焊接方法 5. 钢管镀锌设计要求 6. 压力试验及吹扫设计要求 7. 管道标识设计要求	m	按设计图示管道中心线以长度计算	1. 管道安装 2. 管件安装 3. 钢管镀锌及二次安装 4. 压力试验 5. 吹扫 6. 管道标识
030902002	不锈钢管	1. 材质、压力等级 2. 规格 3. 焊接方法 4. 压力试验及吹扫设计要求 5. 管道标识设计要求	m	按设计图示管道中心线以长度计算	1. 管道安装 2. 压力试验 3. 吹扫 4. 管道标识

续表

项目编码	项目名称	项目特征	计量单位	工程量计算规则	工作内容
030902003	不锈钢管管件	1. 材质、压力等级 2. 规格 3. 焊接方法	个	按设计图示数量计算	管件安装
030902004	气体驱动装置管道	1. 材质、压力等级 2. 规格 3. 焊接方法 4. 压力试验及吹扫设计要求 5. 管道标识设计要求	m	按设计图示管道中心线以长度计算	1. 管道安装 2. 压力试验 3. 吹扫 4. 管道标识
030902005	选择阀	1. 材质 2. 型号、规格 3. 连接形式	个	按设计图示数量计算	1. 安装 2. 压力试验
030902006	气体喷头	1. 材质 2. 型号、规格 3. 连接形式			喷头安装
030902007	贮存装置	1. 介质、类型 2. 型号、规格 3. 气体增压设计要求	套	按设计图示数量计算	1. 贮存装置安装 2. 系统组件安装 3. 气体增压
030902008	称重检漏装置	1. 型号 2. 规格			1. 安装 2. 调试
030903009	无管网气体灭火装置	1. 类型 2. 型号、规格 3. 安装部位 4. 调试要求			

注：

①气体灭火管道工程量计算，不扣除阀门、管件及各种组件所占长度，以延长米计算。

②气体灭火介质，包括七氟丙烷灭火系统、IG541 灭火系统、二氧化碳灭火系统等。

③气体驱动装置管道安装，包括卡、套连接件。

④贮存装置安装，包括灭火剂存储器、驱动气瓶、支框架、集流阀、容器阀、单向阀、高压软管和安全阀等贮存装置和阀驱动装置、减压装置、压力指示仪等。

二、气体灭火系统工程量计算及清单组价实例

【例 5-2-1】 图 5-2-1 所示为某市电信局办公楼气体灭火平面图，图 5-2-2、图 5-2-3 分别为系统图和钢瓶间示意图。

(1)本设计分三个防护区，采用组合分配式高压二氧化碳全淹没灭火系统，二氧化碳设计含量为 62%，物质系数采用 2.25，二氧化碳剩余量按设计用量的 8% 计算，设置 26 个高压二氧化碳储存钢瓶，单瓶容量 70 L，三个起动钢瓶的容量均为 40 L，充装系数为 0.69 kg/L，CO_2喷射时间为 1 min。采用 DN20 射流形式喷头，连接喷头的垂直支管长度为 300 mm。

(2)本设计中采用自动控制、手动控制和机械应急操作三种启动方式。当采用火灾探测器时，灭火系统的自动控制开关应在接收到两个独立的火灾信号后才能起动。根据人员疏散要求，灭火系统采用延迟起动形式，延迟时间小于 30 s。

(3)管材及其连接方式

①采用内外镀锌处理的无缝钢管，系统启动管道采用铜管，总长度为 25 m。

②公称直径小于或等于 80 mm 的管道采用螺纹连接。

③挠性连接的软管必须能承受系统的工作压力和温度要求，采用不锈钢软管。

(4)二氧化碳储存钢瓶的工作压力为 15 MPa，容器阀上应设置泄压装置，其泄压动作压力为(19 ± 0.95)MPa，集流管上设置泄压安全阀，泄压动作压力为(15 ± 0.75)MPa。

试计算该系统的工程量并根据企业定额进行组价。

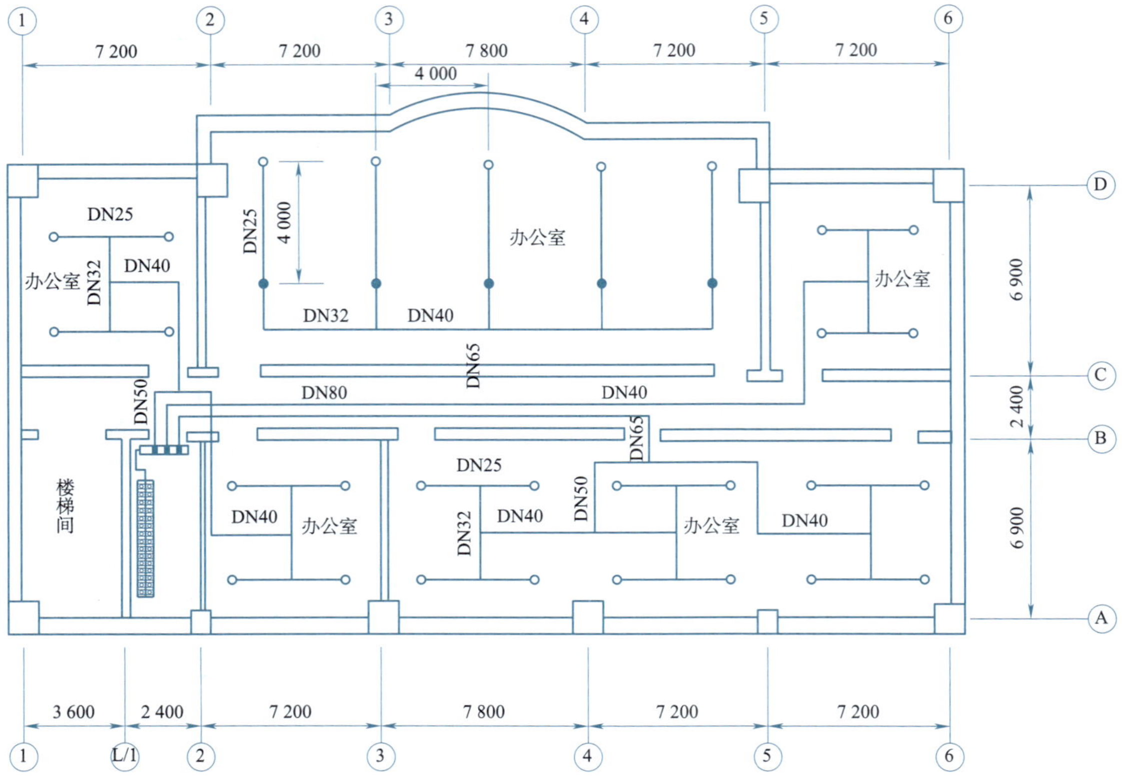

图 5-2-1　高压二氧化碳灭火系统平面图

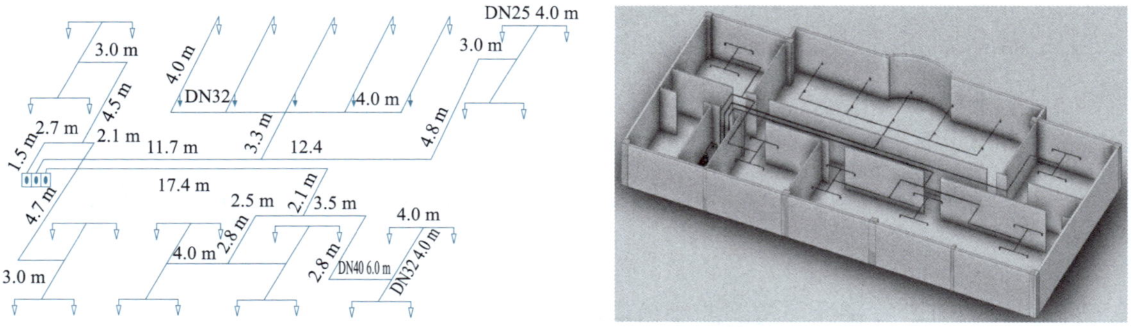

图 5-2-2　高压二氧化碳灭火系统图

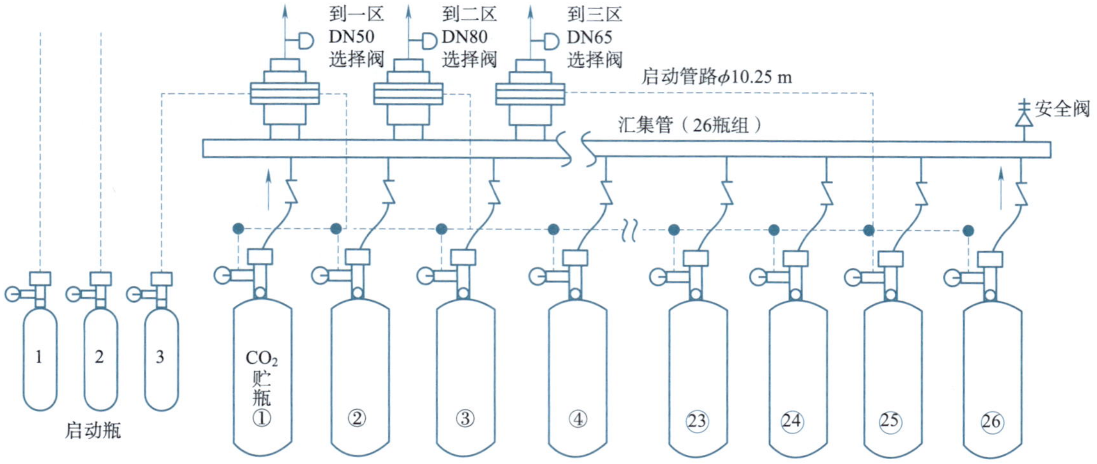

图 5-2-3　钢瓶间示意图

1）计算二氧化碳气体灭火系统工程量

表 5-2-2 所示为二氧化碳气体灭火系统管道工程量分析计算，表 5-2-3 所示为二氧化碳气体灭火系统

设备工程量分析计算，表 5-2-4 所示为工程量计算表。

表 5-2-2　二氧化碳气体灭火系统管道工程量分析计算

名称	计量单位	识图分析过程	计算式	总长度	图　例
镀锌无缝钢管 DN80	m	从图中可以看出，DN80 无缝钢管属于二区干管。1.2 m 是从钢管起始端到转折点的长度，11.7 m 是从转折点到与 DN40 钢管和 DN65 钢管连接点的长度	11.7 +1.2	12.9	
镀锌无缝钢管 DN65	m	DN65 无缝钢管分为两部分：一部分属于三区干管，在图中，0.9 m 是从干管起始端到第一个转折点的长度，17.4 m 是从第一个转折点到第二个转折点的长度，2.1 m 是从第二个转折点到与 DN50 钢管和 DN40 钢管连接点的长度；另一部分属于二区管道，长度为 3.3 m	2.1 +17.4 +0.9 +3.3	23.7	
镀锌无缝钢管 DN50	m	DN50 无缝钢管分为两部分：一部分属于一区干管，其长度为(2.7 +1.5)m，从干管起始端到第一个转折点的长度是 1.5 m，从第一个转折点到与 DN40 钢管连接点的长度是 2.7 m；另一部分属于三区管道，位于 DN65 钢管和 DN40 钢管之间，长度是(2.8 +2.5)m	(2.7 +1.5) +(2.8 +2.5)	9.5	
镀锌无缝钢管 DN40	m	DN40 无缝钢管在一、二、三区都有分布。一区：是与 DN50 干管连接的南北两段，北段长度是(3.0 +4.5)m，南段长度是(3.0 +4.7 +2.1)m；二区：由两部分组成，一部分是连接在 DN80 干管的后面，到与 DN32 支管的连接点为止，长度是(3.0 +4.8 +12.4)m；另一部分位于中间大办公室中，与 DN65 管道垂直的左右两段，每段长度为 4.0 m，即(4.0 +4.0)m，中间 3 列中每列的第一段支管长度均为 1.1 m，所以是 1.1 ×3；三区：办公室西侧，两段 DN32 支管之间的长度为(4.0 +4.0)m，办公室东侧，连接 DN65 和 DN32 钢管的一段为(6.0 +2.8 +3.5)m	(3.0 +4.5 +3.0 +4.7 +2.1) +(3.0 +4.8 +12.4 +4.0 +4.0 +1.1 ×3) +(4.0 +4.0 +6.0 +2.8 +3.5)	69.1	
镀锌无缝钢管 DN32	m	与每区 DN40 钢管相连接的 DN32 钢管的长度均为 4.0 m，这样的钢管共有 6 段；在二区的大办公室中，东西两侧 DN32 无缝钢管的长度均为(4.0 +1.1)m	(4.0 ×6 +4.0 +1.1 +1.1 +4.0)	34.2	
镀锌无缝钢管 DN25	m	相邻两喷头之间的支管长度均为 4.0，共有 17 段	4.0 ×17	68	
镀锌无缝钢管 DN15	m	连接喷头的垂直支管长度为 300 mm，系统图中共有 34 个喷头	0.3 ×34	10.2	
铜管 Φ10	m			25	

表 5-2-3　二氧化碳气体灭火系统设备工程量分析计算

名称	型号规格	计量单位	计算式	工程量	图　例
气体喷头	DN20	个	1 ×34	34	

续表

名称	型号规格	计量单位	计算式	工程量	图　例
选择阀	DN50	个		1	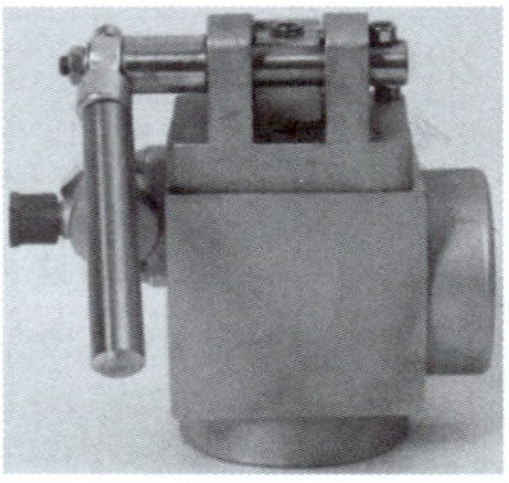
选择阀	DN80	个		1	
选择阀	DN65	个		1	
贮存装置	40 L	套	1×3	3	
贮存装置	70 L	套	1×26	26	
称重检漏装置		套		1	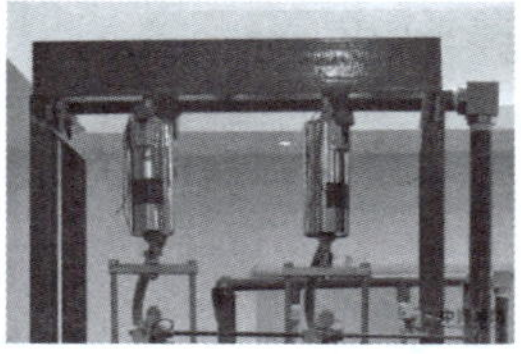
气体灭火系统装置调试		点	1×3	3	

表 5-2-4　工程量计算表

序号	项目编码	项目名称	项目特征描述	单位	工程量	备注
1	030902001001	无缝钢管	1. 内外镀锌 2. 规格:DN80 3. 连接方式:螺纹	m	12. 9	
2	030902001002	无缝钢管	1. 内外镀锌 2. 规格:DN65 3. 连接方式:螺纹	m	23. 7	
3	030902001003	无缝钢管	1. 内外镀锌 2. 规格:DN50 3. 连接方式:螺纹	m	9. 5	
4	030902001004	无缝钢管	1. 内外镀锌 2. 规格:DN40 3. 连接方式:螺纹	m	69. 1	
5	030902001005	无缝钢管	1. 内外镀锌 2. 规格:DN32 3. 连接方式:螺纹	m	34. 2	
6	030902001006	无缝钢管	1. 内外镀锌 2. 规格:DN25 3. 连接方式:螺纹	m	68	
7	030902001007	无缝钢管	1. 内外镀锌 2. 规格:DN15 3. 连接方式:螺纹	m	10. 2	

续表

序号	项目编码	项目名称	项目特征描述	单位	工程量	备注
8	030902004001	铜管	1. 材质:紫铜 2. 规格:Φ80	m	25	
9	030902006001	气体喷头	1. 规格:DN20 2. 连接方式:螺纹	个	34	
10	030902005001	选择阀	1. 规格:DN50 2. 部位:一区	个	1	
11	030902005002	选择阀	1. 规格:DN80 2. 部位:二区	个	1	
12	030902005003	选择阀	1. 规格:DN65 2. 部位:三区	个	1	
13	030902007001	贮存装置	容量:40 L	套	3	
14	030902007002	贮存装置	容量:70 L	套	26	
15	030902008001	称重检漏装置		套	26	
16	030902007001	气体灭火系统装置调试		点	3	

2)分部分项工程清单组价

(1)每米 DN80 无缝钢管制作安装费用的企业定额分析:

人工费:38. 26 元。

材料费:54. 47 元(其中管道及连接件的主材价格:49. 11 元/米)。

机械费:1. 48 元。

企业管理费:3. 83 元。

利润:3. 83 元。

综合单价:38. 26 +54. 47 +1. 48 +3. 83 +3. 83 =101. 87(元/m)。

(2)每米 DN65 无缝钢管制作安装费用的企业定额分析:

人工费:37. 62 元。

材料费:47. 29 元(其中管道及连接件的主材价格:42. 13 元/m)。

机械费:1. 23 元。

企业管理费:3. 76 元。

利润:3. 76 元。

综合单价:37. 62 +47. 29 +1. 23 +3. 76 +3. 76 =93. 66(元/m)。

(3)每米 DN50 无缝钢管制作安装费用的企业定额分析:

人工费:37. 17 元。

材料费:32. 14 元(其中管道及连接件的主材价格:27. 14 元/m)。

机械费:1. 08 元。

企业管理费:3. 72 元。

利润:3. 72 元。

综合单价:37. 17 +32. 14 +1. 08 +3. 72 +3. 72 =77. 83(元/m)。

(4)每米 DN40 无缝钢管制作安装费用的企业定额分析:

人工费:33. 64 元。

材料费:29. 86 元(其中管道及连接件的主材价格:24. 96 元/m)。

机械费:0. 54 元。

企业管理费:3. 36 元。

利润:3. 36 元。

综合单价:33. 64 +29. 86 +0. 54 +3. 36 +3. 36 =70. 76(元/m)。

(5)每米 DN32 无缝钢管制作安装费用的企业定额分析:

人工费:31. 45 元。

材料费:26. 21 元(其中管道及连接件的主材价格:22. 01 元/m)。

机械费:1. 08 元。

企业管理费:3. 15 元。

利润:3. 15 元。

综合单价:31. 45 +26. 21 +1. 08 +3. 15 +3. 15 =64. 42(元/m)。

(6)每米 DN25 无缝钢管制作安装费用的企业定额分析:

人工费:24. 14 元。

材料费:14. 91 元(其中管道及连接件的主材价格:11. 05 元/m)。

机械费:0. 42 元。

企业管理费:2. 41 元。

利润:2. 41 元。

综合单价:24. 14 +14. 91 +0. 42 +2. 41 +2. 41 =44. 29(元/m)。

(7)每米 DN15 无缝钢管制作安装费用的企业定额分析:

人工费:16. 35 元。

材料费:11. 6 元(其中管道及连接件的主材价格:9. 14 元/m)。

机械费:0. 14 元。

企业管理费:1. 64 元。

利润:1. 64 元。

综合单价:16. 35 +11. 6 +0. 14 +1. 64 +1. 64 =31. 37(元/m)。

(8)每米 Φ10 铜管制作安装费用的企业定额分析:

人工费:10. 41 元。

材料费:43. 83 元(其中管道及连接件的主材价格:41. 41 元/m)。

机械费:0. 17 元。

企业管理费:1. 04 元。

利润:1. 04 元。

综合单价:10. 41 +43. 83 +0. 17 +1. 04 +1. 04 =56. 49(元/m)。

(9)每个 DN20 喷头安装费用的企业定额分析:

人工费:20. 87 元。

材料费:87. 88 元(其中喷头的主材价格:84. 44 元/个)。

机械费:8. 4 元。

企业管理费:2. 09 元。

利润:2. 09 元。

综合单价:20. 87 +87. 88 +8. 4 +2. 09 +2. 09 =121. 33(元/个)。

(10)每个 DN50 选择阀安装费用的企业定额分析:

人工费:47. 36 元。

材料费:92. 63 元(其中选择阀的主材价格:75. 8 元/个)。

机械费:1. 04 元。

企业管理费:4. 74 元。

利润:4. 74 元。

综合单价:47. 36 +92. 63 +1. 04 +4. 74 +4. 74 =150. 51(元/个)。

(11)每个 DN80 选择阀安装费用的企业定额分析:

人工费:71. 2 元。

材料费:125. 53 元(其中选择阀的主材价格:95. 6 元/个)。

机械费:1. 68 元。

企业管理费:7. 12 元。

利润:7. 12 元。

综合单价:71. 2 +125. 53 +1. 68 +7. 12 +7. 12 =212. 65(元/个)。

(12)每个 DN65 选择阀安装费用的企业定额分析:

人工费:56. 06 元。

材料费:107. 77 元(其中选择阀的主材价格:83. 6 元/个)。

机械费:1. 38 元。

企业管理费:5. 61 元。

利润:5. 61 元。

综合单价:56. 06 +107. 77 +1. 38 +5. 61 +5. 61 =176. 43(元/个)。

(13)每套 40 L 贮存装置安装费用的企业定额分析:

人工费:476. 1 元。

材料费:9 408. 99 元(其中贮存装置的主材价格:9 350 元/套)。

机械费:614. 29 元。

企业管理费:47. 61 元。

利润:47. 61 元。

综合单价:476. 1 +9 408. 99 +614. 29 +47. 61 +47. 61 =10 594. 6(元/套)。

(14)每 70 L 贮存装置安装费用的企业定额分析:

人工费:684. 27 元。

材料费:12 669. 24 元(其中贮存装置的主材价格:12 600 元/套)。

机械费:767. 05 元。

企业管理费:68. 43 元。

利润:68. 43 元。

综合单价:684. 27 +12 669. 24 +767. 05 +68. 43 +68. 43 =14 257. 42(元/套)。

(15)每套称重检漏装置安装费用的企业定额分析:

人工费:175. 14 元。

材料费:3 225. 28 元(其中称重检漏装置的主材价格:3 216 元/套)。

机械费:0 元。

企业管理费:17. 51 元。

利润:17. 51 元。

综合单价:175. 14 +3 225. 28 +17. 51 +17. 51 =3 435. 44(元/套)。

(16)每套称重检漏装置安装费用的企业定额分析:

人工费:329. 1 元。

材料费:282 元。

机械费:12. 21 元。

企业管理费:32. 91 元。

利润:32.91 元。

综合单价:329.1 +282 +12.21 +32.91 +32.91 =689.13(元/套)。

表 5-2-5 所示为分部分项工程清单计价表。

表 5-2-5 分部分项工程清单计价表

序号	项目编码	项目名称	项目特征描述	工程量	综合单价	综合合价
1	030902001001	无缝钢管	1. 内外镀锌 2. 规格:DN80 3. 连接方式:螺纹	12.9 m	101.87 元/m	1 314.12 元
2	030902001002	无缝钢管	1. 内外镀锌 2. 规格:DN65 3. 连接方式:螺纹	23.7 m	93.66 元/m	2 219.74 元
3	030902001003	无缝钢管	1. 内外镀锌 2. 规格:DN50 3. 连接方式:螺纹	9.5 m	77.83 元/m	739.39 元
4	030902001004	无缝钢管	1. 内外镀锌 2. 规格:DN40 3. 连接方式:螺纹	69.1 m	70.76 元/m	4 889.52 元
5	030902001005	无缝钢管	1. 内外镀锌 2. 规格:DN32 3. 连接方式:螺纹	34.2 m	64.42 元/m	2 203.16 元
6	030902001006	无缝钢管	1. 内外镀锌 2. 规格:DN25 3. 连接方式:螺纹	68 m	44.29 元/m	3 011.72 元
7	030902001007	无缝钢管	1. 内外镀锌 2. 规格:DN15 3. 连接方式:螺纹	10.2 m	31.37 元/m	319.97 元
8	030902004001	铜管	1. 材质:紫铜 2. 规格:Φ80	25 m	56.49 元/m	1 412.25 元
9	030902006001	气体喷头	1. 规格:DN20 2. 连接方式:螺纹	34 个	121.33 元/个	4 125.22 元
10	030902005001	选择阀	1. 规格:DN50 2. 部位:一区	1 个	150.51 元/个	150.51
11	030902005002	选择阀	1. 规格:DN80 2. 部位:二区	1 个	212.65 元/个	212.65
12	030902005003	选择阀	1. 规格:DN65 2. 部位:三区	1 个	176.43 元/个	176.43
13	030902007001	贮存装置	容量:40 L	3 套	10 594.6 元/套	31 783.80 元
14	030902007002	贮存装置	容量:70 L	26 套	14 257.42 元/套	370 692.92 元
15	030902008001	称重检漏装置		26 套	3 435.44 元/套	89 321.44 元
16	030902007001	气体灭火系统装置调试		3 点	689.13 元/套	2 067.39 元

想一想

气体灭火介质有哪些系统?

任务实施

根据某企业工程投标需求，依据工程七氟丙烷气体灭火系统原理图、平面图，以及相关规范、企业定额等资料，计算管道、阀门、喷嘴等工程量并进行分布分项工程清单组价，其工作程序基本包括如下步骤。

一、熟悉图纸

小组成员在充分了解设计说明的基础上，熟练识读系统原理图、平面图，仔细辨别管径规格、数量，阀门类型等，充分识读施工图后进行工程量计算。

二、选择工程量计算规则，计算工程量

根据《通用安装工程工程量计算规范》(GB 50856—2013)区分项目类别，针对管道、阀门、喷嘴等具体项目，根据项目特征，选择工程量计算规则，按照工程量计算规则计算地下一层七氟丙烷气体灭火系统工程量。

三、复核工程量

每个小组将工程量计算完成后，由小组其他人员进行校核，并与招标单位给定的工程量清单进行复核；小组复核完成后，其他小组对另外五个小组分别复核。

四、确定取费费率

根据黑龙江省住房和城乡建设厅各年度下发建筑安装工程结算参照标准及企业定额确定相应费率。

五、确定分部分项工程综合单价

根据企业定额确定消耗量指标和生产要素单价，确定完成各清单项目实际应发生的工程内容，计算工程内容的工程数量与清单单位的含量：

清单单位含量 =(某工程内容的定额工程量)/清单工程量

计算分部分项工程人工、材料、施工机具使用费，计算企业管理费和利润，汇总计算出分部分项工程综合单价。

笔记栏

【编制气体灭火系统工程量计算及清单计价工作单】

计划单

学习情境5	建筑消防工程计量与计价		任务2	气体灭火系统工程量计算与清单计价
工作方式	组内讨论、团结协作共同制订计划:小组成员进行工作讨论,确定工作步骤		计划学时	0.5学时
完成人	1. ________ 2. ________ 3. ________ 4. ________ 5. ________ 6. ________			
计划依据:1. 老师给定的工程相关图纸; 2. 工程相关规范; 3. 企业定额				
序号	计划步骤	具体工作内容描述		
1	准备工作 (整理建设工程基本信息,谁去做?)			
2	组织分工 (成立组织,人员具体都完成什么?)			
3	制订两套工程量计算和组价方案 (各有何特点?)			
4	计算工程量 (分析工程量计算过程,谁负责?)			
5	汇总工程量 (汇总什么,如何汇总利于组价?)			
6	分部分项工程清单组价 (谁负责? 组成要素是什么?)			
制订计划说明	(写出制订计划中人员为完成任务的主要建议或可以借鉴的建议、需要解释的某一方面)			

决 策 单

<table>
<tr><td>学习情境5</td><td colspan="2">建筑消防工程计量与计价</td><td>任务2</td><td>气体灭火系统工程量计算与清单计价</td></tr>
<tr><td colspan="3">决策学时</td><td colspan="2">0.5 学时</td></tr>
<tr><td colspan="5">决策目的：确定本小组认为最优的工程量计算及清单组价方案</td></tr>
<tr><td rowspan="7">方案
优劣比对</td><td rowspan="2">比对项目</td><td colspan="2">工作方案特点</td><td rowspan="2">确定最优方案
（画√）</td></tr>
<tr><td>方案名称 1：</td><td>方案名称 2：</td></tr>
<tr><td>计算规则选取是否准确</td><td></td><td></td><td rowspan="5">方案 1 优□</td></tr>
<tr><td>计算分析过程是否精确</td><td></td><td></td></tr>
<tr><td>计算公式准确性</td><td></td><td></td></tr>
<tr><td>组价要素是否全面</td><td></td><td></td></tr>
<tr><td>计算结果正确性</td><td></td><td></td></tr>
<tr><td colspan="2">方案 1 简介：</td><td colspan="2">方案 2 简介：</td><td>方案 2 优□</td></tr>
</table>

作 业 单

<table>
<tr><td>学习情境 5</td><td>建筑消防工程计量与计价</td><td>任务 2</td><td>气体灭火系统工程量计算与清单计价</td></tr>
<tr><td rowspan="2">参加人员</td><td colspan="2">第____组</td><td>开始时间：</td></tr>
<tr><td colspan="2">签名：</td><td>结束时间：</td></tr>
<tr><td>序号</td><td colspan="2">工作内容记录
（根据实施的具体工作记录，包括存在的问题及解决方法）</td><td>分工
（负责人）</td></tr>
<tr><td></td><td colspan="2"></td><td></td></tr>
<tr><td></td><td colspan="2"></td><td></td></tr>
<tr><td></td><td colspan="2"></td><td></td></tr>
<tr><td></td><td colspan="2"></td><td></td></tr>
<tr><td></td><td colspan="2"></td><td></td></tr>
<tr><td></td><td colspan="2"></td><td></td></tr>
<tr><td></td><td colspan="2"></td><td></td></tr>
<tr><td></td><td colspan="2"></td><td></td></tr>
<tr><td></td><td colspan="2"></td><td></td></tr>
<tr><td></td><td colspan="2"></td><td></td></tr>
<tr><td></td><td colspan="2"></td><td></td></tr>
<tr><td></td><td colspan="2"></td><td></td></tr>
<tr><td rowspan="2">小结</td><td colspan="2">主要描述完成的成果及是否达到目标</td><td>存在的问题</td></tr>
<tr><td colspan="2"></td><td></td></tr>
</table>

检查单

学习情境5	建筑消防工程计量与计价		任务2	气体灭火系统工程量计算与清单计价			
检查学时		0.5学时		第____组			
检查目的及方式		教学过程监控小组的工作情况，如检查等级为不合格，小组需要整改，并拿出整改说明					
序号	检查项目	检查标准	检查结果分级（在检查相应的分级框内画“√”）				
			优秀	良好	中等	合格	不合格
1	准备工作	建设工程基本信息、相关依据材料是否准备完整，学习资源是否查到					
2	分工情况	安排是否合理、全面，分工是否明确					
3	工作态度	小组工作是否积极主动、全员参与					
4	纪律出勤	是否按时完成负责的工作内容，是否遵守工作纪律					
5	团队合作	是否相互协作、互相帮助，成员是否听从指挥					
6	创新意识	任务完成不照搬照抄，看问题具有独到见解、创新思维					
7	完成效率	工作单是否记录完整，是否按照计划完成任务					
8	完成质量	工作单填写是否准确					
检查评语					教师签字：		

任务评价

小组工作评价单

<table>
<tr><td>学习情境5</td><td colspan="2">建筑消防工程计量与计价</td><td>任务2</td><td colspan="2">气体灭火系统工程量计算与清单计价</td></tr>
<tr><td>评价学时</td><td colspan="5">0.5 学时</td></tr>
<tr><td>评价类别</td><td>项目</td><td>子项目</td><td>个人评价</td><td>组内互评</td><td>教师评价</td></tr>
<tr><td rowspan="8">专业能力</td><td rowspan="2">准备工作
(10%)</td><td>准备工作完整性(5%)</td><td></td><td></td><td></td></tr>
<tr><td>工作步骤内容描述(5%)</td><td></td><td></td><td></td></tr>
<tr><td rowspan="2">计算过程
(20%)</td><td>计算方法的正确性(10%)</td><td></td><td></td><td></td></tr>
<tr><td>计算过程的完整性(10%)</td><td></td><td></td><td></td></tr>
<tr><td rowspan="2">计算结果
(10%)</td><td>工程量计算结果的正确性(5%)</td><td></td><td></td><td></td></tr>
<tr><td>清单组价结果的正确性(5%)</td><td></td><td></td><td></td></tr>
<tr><td>安全文明
(10%)</td><td>工作过程遵守相关要求及注意事项</td><td></td><td></td><td></td></tr>
<tr><td>完成时间
(10%)</td><td>在要求时间内完成相关任务，每超 5 min 扣 2 分</td><td></td><td></td><td></td></tr>
<tr><td rowspan="2">社会能力</td><td>团结协作
(10%)</td><td></td><td></td><td></td><td></td></tr>
<tr><td>敬业精神
(10%)</td><td></td><td></td><td></td><td></td></tr>
<tr><td rowspan="2">方法能力</td><td>计划能力
(10%)</td><td></td><td></td><td></td><td></td></tr>
<tr><td>决策能力
(10%)</td><td></td><td></td><td></td><td></td></tr>
<tr><td rowspan="2">评价评语</td><td>班　　级</td><td></td><td>姓　　名</td><td></td><td>学号　　　总评</td></tr>
<tr><td>教师签字</td><td></td><td>第　　组</td><td>组长签字</td><td>日期</td></tr>
</table>

小组成员素质评价单

<table>
<tr><td>学习情境5</td><td colspan="3">建筑消防工程计量与计价</td><td>任务2</td><td colspan="3">气体灭火系统工程量计算与清单计价</td></tr>
<tr><td>班　　级</td><td></td><td>第____组</td><td colspan="2"></td><td>成员姓名</td><td colspan="2"></td></tr>
<tr><td>评分说明</td><td colspan="7">每个小组成员评价分为自评和小组其他成员评价两部分，取平均值计算，作为该小组成员的任务评价个人分数。评价项目共设计5个，依据评分标准给予合理量化打分。小组成员自评分后，要找小组其他成员以不记名方式打分</td></tr>
<tr><td>评分项目</td><td>评分标准</td><td>自评
(100分)</td><td>成员1
(100分)</td><td>成员2
(100分)</td><td>成员3
(100分)</td><td>成员4
(100分)</td><td>成员5
(100分)</td></tr>
<tr><td>核心价值观
(20分)</td><td>是否践行社会主义核心价值观</td><td></td><td></td><td></td><td></td><td></td><td></td></tr>
<tr><td>工作态度
(20分)</td><td>是否按时完成负责的工作内容、遵守纪律，是否积极主动参与小组工作且全过程参与，是否吃苦耐劳、具有工匠精神</td><td></td><td></td><td></td><td></td><td></td><td></td></tr>
<tr><td>交流沟通
(20分)</td><td>是否能良好地表达自己的观点，是否能倾听他人的观点</td><td></td><td></td><td></td><td></td><td></td><td></td></tr>
<tr><td>团队合作
(20分)</td><td>是否与小组成员合作完成任务、做到相互协作、互相帮助、听从指挥</td><td></td><td></td><td></td><td></td><td></td><td></td></tr>
<tr><td>创新意识
(20分)</td><td>看问题是否能独立思考，提出独到见解，是否能够运用创新思维解决遇到的问题</td><td></td><td></td><td></td><td></td><td></td><td></td></tr>
<tr><td colspan="2">最终小组成员得分</td><td colspan="6"></td></tr>
</table>

课后反思

学习情境5	建筑消防工程计量与计价		任务2	气体灭火系统工程量计算与清单计价
班　级		第____组	成员姓名	
情感反思	通过对本任务的学习和实践，你认为自己在社会主义核心价值观、职业素养、学习和工作态度等方面有哪些需要提高的部分？			
知识反思	通过对本任务的学习，你掌握了哪些知识点？请画出思维导图。			
技能反思	在完成本任务的学习和实训过程中，你主要掌握了哪些技能？			
方法反思	在完成本任务的学习和实践过程中，你主要掌握了哪些分析和解决问题的方法？			

任务3　火灾自动报警系统工程量计算与清单计价

任 务 单

<table>
<tr><td>学习情境5</td><td colspan="3">建筑消防工程计量与计价</td><td>任务3</td><td colspan="2">火灾自动报警系统工程量计算与清单计价</td></tr>
<tr><td>任务学时</td><td colspan="6">4 学时</td></tr>
<tr><td colspan="7">布置任务</td></tr>
<tr><td>任务目标</td><td colspan="6">1. 能准确查出火灾自动报警系统工程量计算规则，区分计量单位及适用情形；
2. 能正确计算火灾自动报警系统工程量；
3. 能运用《建设工程工程量清单计价规范》(GB 50500—2013)及企业定额完成火灾自动报警系统分部分项工程清单组价；
4. 能够在完成任务过程中锻炼职业素养，做到工作严谨认真，完成任务能够吃苦耐劳、主动承担，能够主动帮助小组成员，有团队意识，诚实守信</td></tr>
<tr><td>任务描述</td><td colspan="6">能根据招标文件、施工图纸等资料，查阅工程量计算规范，正确选择工程量计算规则，计算并核对某棚改项目地下车库火灾自动报警系统工程量，包括：地下一层车库火灾自动报警系统和消防系统调试等的工程量，并详细分析工程量计算过程；根据企业定额、计价规范等资料，进行分部分项工程清单组价
文本
火灾自动报警系统工程量计算与清单计价施工图</td></tr>
<tr><td rowspan="2">学时安排</td><td>资讯</td><td>计划</td><td>决策</td><td>实施</td><td>检查</td><td>评价</td></tr>
<tr><td>0.5 学时</td><td>0.5 学时</td><td>1 学时</td><td>1 学时</td><td>0.5 学时</td><td>0.5 学时</td></tr>
<tr><td>对学生学习及成果的要求</td><td colspan="6">1. 每名同学均能按照资讯思维导图自主学习；
2. 严格遵守课堂纪律，不迟到、不早退，学习态度认真、端正；
3. 能够熟练识读建筑消防工程施工图；具备一定的实践动手能力、自学能力、数据计算能力及计算机操作能力；
4. 小组讨论火灾自动报警系统工程量计算的方案，能够确定火灾自动报警系统工程量的计算规则，掌握工程量计算及清单组价方法，能够正确计算火灾自动报警系统的工程量，正确进行火灾自动报警系统的清单组价；
5. 积极参与小组工作任务讨论，协作完成课堂任务，具备一定的团队沟通协调能力、语言表达能力和团队意识；
6. 讲解工程量计算及清单组价过程，接受教师与学生的点评，同时参与小组自评与互评</td></tr>
</table>

思维导图

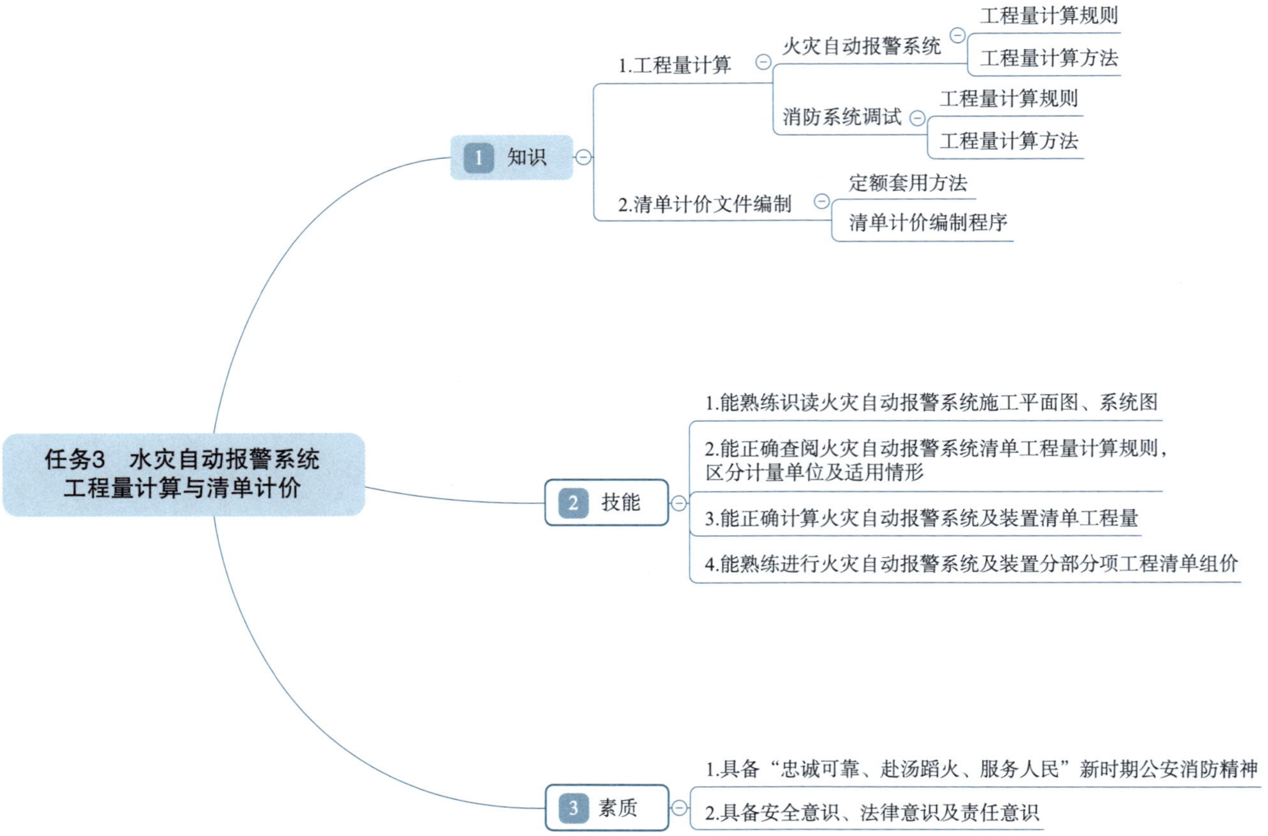

课前自学

【火灾自动报警系统分部分项清单项目】

《通用安装工程工程量计算规范》(GB 50856—2013)附录I消防工程中，设置了5个小节50个清单项目，火灾自动报警系统一般包括火灾自动报警系统和消防系统调试两个小节。

1. 火灾自动报警系统

本节设置了16个清单项目：点型探测器、线型探测器、按钮、消防警铃、声光报警器、消防报警电话插孔(电话)、消防广播(扬声器)、模块(模块箱)、区域报警控制箱、联动控制箱、远程控制箱(柜)、火灾报警系统控制主机、联动控制主机、消防广播及对讲电话主机(柜)、火灾报警控制微机(CRT)、备用电源及电池主机(柜)。

2. 消防系统调试

本节设置了4个清单项目：自动报警系统装置调试、水灭火系统控制装置调试、防火控制装置联动调试、气体灭火系统装置调试。

知识模块1　火灾自动报警系统工程量计算与清单计价

一、火灾自动报警系统工程量计算规则

火灾自动报警系统工程量清单项目设置、项目特征描述的内容、计量单位及工程量计算规则，应按表5-3-1的规定执行。

表 5-3-1　火灾自动报警系统(编码:030904)

<table>
<tr><th>项目编码</th><th>项目名称</th><th>项目特征</th><th>计量单位</th><th>工程量计算规则</th><th>工作内容</th></tr>
<tr><td>030904001</td><td>点型探测器</td><td>1. 名称
2. 规格
3. 线制
4. 类型</td><td>个</td><td rowspan="16">按设计图示数量计算</td><td>1. 探头安装
2. 底座安装
3. 校接线
4. 编码
5. 探测器调试</td></tr>
<tr><td>030904002</td><td>线型探测器</td><td>1. 名称
2. 规格
3. 安装方式</td><td>m</td><td>1. 探测器安装
2. 接口模块安装
3. 报警终端安装
4. 校接线
5. 调试</td></tr>
<tr><td>030904003</td><td>按钮</td><td rowspan="3">1. 名称
2. 规格</td><td rowspan="3">个</td><td rowspan="5">1. 安装
2. 校接线
3. 编码
4. 调试</td></tr>
<tr><td>030904004</td><td>消防警铃</td></tr>
<tr><td>030904005</td><td>声光报警器</td></tr>
<tr><td>030904006</td><td>消防报警电话插孔(电话)</td><td>1. 名称
2. 规格
3. 安装方式</td><td>个(部)</td></tr>
<tr><td>030904007</td><td>消防广播(扬声器)</td><td>1. 名称
2. 功率
3. 安装方式</td><td>个</td></tr>
<tr><td>030904008</td><td>模块(模块箱)</td><td>1. 名称
2. 规格
3. 类型
4. 输出形式</td><td>个(台)</td><td>1. 安装
2. 校接线
3. 编码
4. 调试</td></tr>
<tr><td>030904009</td><td>区域报警控制箱</td><td rowspan="2">1. 多线制
2. 总线制
3. 安装方式
4. 控制点数量
5. 显示器类型</td><td rowspan="7">台</td><td rowspan="3">1. 本体安装
2. 校接线、摇测绝缘电阻
3. 排线、绑扎、导线标识
4. 显示器安装
5. 调试</td></tr>
<tr><td>030904010</td><td>联动控制箱</td></tr>
<tr><td>030904011</td><td>远程控制箱(柜)</td><td>1. 规格
2. 控制回路</td></tr>
<tr><td>030904012</td><td>火灾报警系统控制主机</td><td rowspan="3">1. 规格、线制
2. 控制回路
3. 安装方式</td><td rowspan="3">1. 安装
2. 校接线
3. 调试</td></tr>
<tr><td>030904013</td><td>联动控制主机</td></tr>
<tr><td>030904014</td><td>消防广播及对讲电话主机(柜)</td></tr>
<tr><td>030904015</td><td>火灾报警控制微机(CRT)</td><td>1. 规格
2. 安装方式</td><td rowspan="2">1. 安装
2. 调试</td></tr>
<tr><td>030904016</td><td>备用电源及电池主机(柜)</td><td>1. 名称
2. 容量
3. 安装方式</td><td>套</td></tr>
</table>

注:

①消防报警系统配管、配线、接线盒均应按《通用安装工程工程量计算规范》(GB 50856—2013)附录 D 电气设备安装工程相关项目编码列项。

②消防广播及对讲电话主机包括功放、录音机、分配器、控制柜等设备。

③报警联动一体机按消防报警系统控制主机计算。

④点型探测器包括火焰、烟感、温感、红外光束、可燃气体探测器等。

二、火灾自动报警系统工程量计算及清单组价实例

【例 5-3-1】　背景说明:

(1)本工程为某市娱乐中心火灾自动报警系统。该建筑为剪力墙结构,首层层高 4.5 m,二层、三层层

高均为 3.6 m，各层均作吊顶装修，首层人工天花板距地面 3.7 m，二层、三层人工天花板距地面 3.1 m。

（2）本建筑设火灾自动报警系统，在首层设控制室，报警控制主机选用壁挂式总线制 64 点式。

（3）主机、楼层接线箱为壁挂式安装，其底边距地 1.4 m。JTY-IZ-ZM1551 型感烟探测器、JTW-BD-ZM5551 型感温探测器吸顶安装，声光报警器、模块底边距地 1.8 m 安装，手动报警按钮底边距地 1.4 m。

（4）报警控制总线、DC 24 V 主机电源线均采用阻燃型 RVS -2×1.5 穿 JDG20 管暗敷于墙内或吊顶内。

（5）安装施工应符合相关的消防工程施工与验收规范。

图 5-3-1 所示为火灾自动报警系统图，从火灾自动报警系统控制器接出信号总线和电源总线，在每层接线箱中分出支线，接至该层各报警器。探测器、手动报警按钮、输入模块直接接在信号总线上，首层的消防水泵通过输出模块受报警系统的控制。图 5-3-2 所示为首层平面布置平面图，图 5-3-3 所示为二层火灾自动报警系统平面图，图 5-3-4 所示为三层火灾自动报警系统平面图。

试计算该系统的工程量并根据企业定额进行组价。

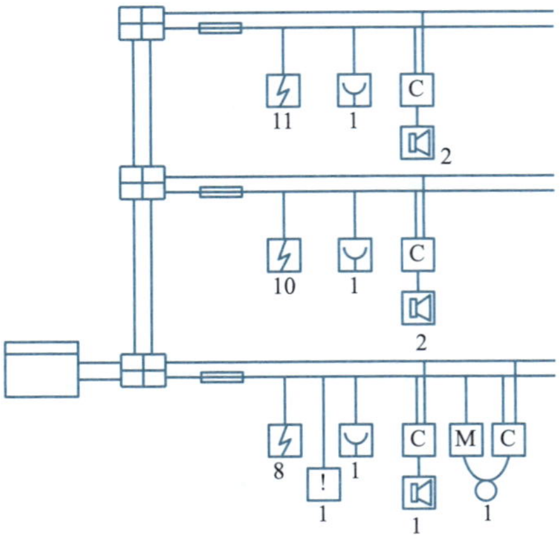

图 5-3-1　火灾自动报警系统示意图

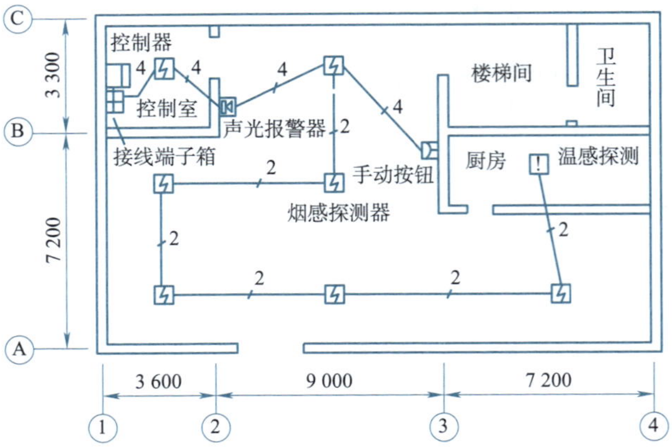

图 5-3-2　首层火灾自动报警系统平面示意图

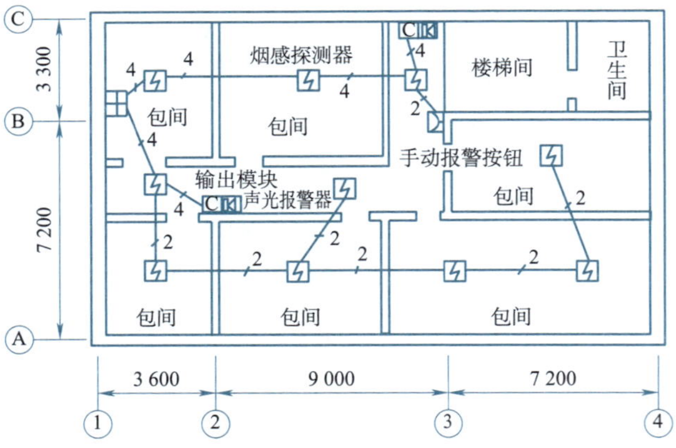

图 5-3-3　二层火灾自动报警系统平面示意图

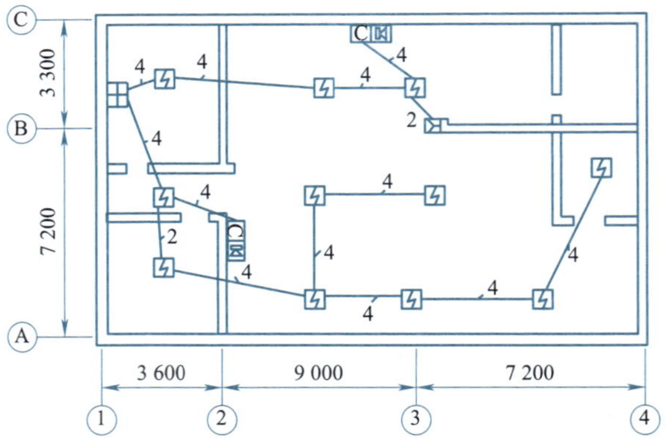

图 5-3-4　三层火灾自动报警系统平面示意图

1）计算火灾自动报警系统工程量

表 5-3-2 所示为火灾自动报警系统工程量分析计算，表 5-3-3 所示为火灾自动报警系统工程量计算。

表 5-3-2　火灾自动报警系统工程量分析计算

序号	名称	计量单位	识图分析过程	计算式	工程量	图　例
1	区域报警控制箱	台	总线制壁挂式报警控制器 1 台置于首层控制室内		1	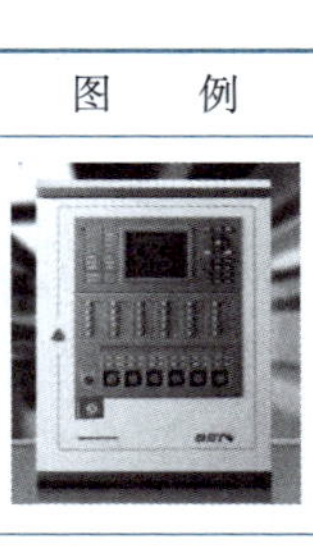

续表

序号	名称	计量单位	识图分析过程	计算式	工程量	图　例
2	点型探测器	个	一层7个;二层10个;三层11个	7+10+11	28	
3	点型探测器	个	共设一个,在厨房		1	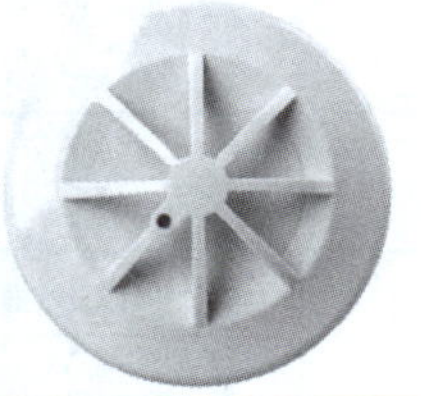
4	楼层接线箱	台	配电箱每层各一台	1×3	3	
5	声光报警器	个	一层1台、二层2台、三层2台	1+2+2	5	
6	按钮	个	手动报警按钮共3只,每层设一只	1×3	3	
7	模块(模块箱)	个	输入模块1个		1	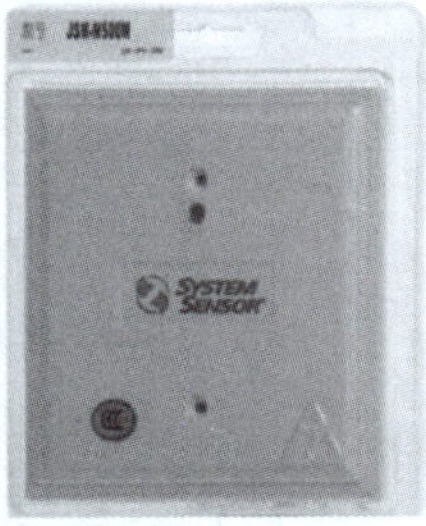
8	模块(模块箱)	个	输出模块5个		5	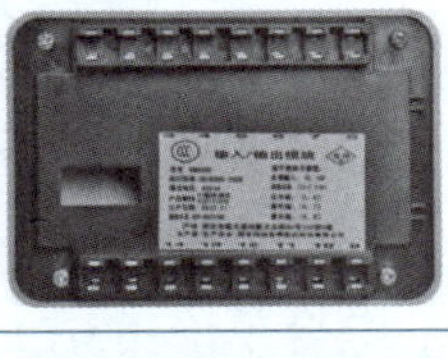
9	配管	m	一层:97 m,二层:124.3 m,三层:117.6 m	97+124.3+117.6	338.9	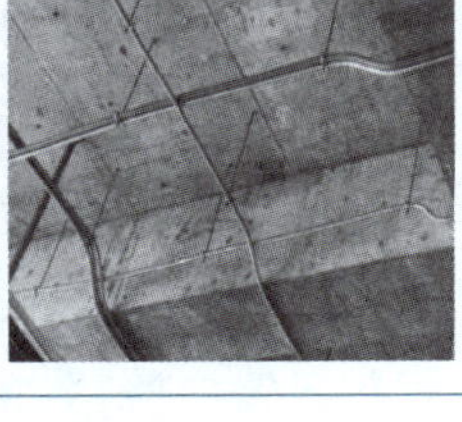

续表

序号	名称	计量单位	识图分析过程	计算式	工程量	图　例
10	配线	m	同配管工程量		338.9	

表 5-3-3　火灾自动报警系统工程量计算

序号	项目编码	项目名称	项目特征描述	计量单位	工程量	备注
1	030904009001	区域报警控制箱	型号:总线制壁挂式报警控制器64点; 位置:置于首层控制室内	台	1	
2	030904001001	点型探测器	型号:感烟探测器 JTY-IZ-ZM1551; 安装位置:吸顶安装	个	28	
3	030904001002	点型探测器	型号:感温探测器 JTW-BD-ZM5551; 安装位置:吸顶安装	个	1	
4	040804003001	接线箱	型号:GST-JX100;规格:300 mm×400 mm×80 mm; 敷设方式:底边距地1.4 m壁挂安装	台	3	
5	030904005001	声光报警器	型号:SGHB; 安装位置:底边距地 1.8 m	个	5	
6	030904003001	按钮	类型:手动报警按钮 型号:J-SAP-M-M500K; 安装位置:底距地 1.4 m	个	3	
7	030904008001	模块	型号:输入模块 JSM-M500M; 安装位置:底距地 1.8 m 安装	个	1	
8	030904008002	模块	型号:输出模块 KM-M500C; 安装位置:底距地 1.8 m 安装	个	5	
9	030411001001	配管	型号:JDG20; 敷设方式:沿金属吊杆	m	338.9	
10	030411004001	配线	型号:RVS-2×1.5 敷设方式:穿管	m	338.9	

2)分部分项工程清单组价

(1)每台区域报警控制箱安装费用的企业定额分析:

人工费:367.15 元。

材料费:3 573.85 元(其中区域报警控制箱的主材价格:3 550 元/台)。

机械费:19.07 元。

企业管理费:51.4 元。

利润:80.77 元。

综合单价:367.15 + 3 573.85 + 19.07 + 51.4 + 80.77 = 4 092.24(元/台)。

(2)每个感烟探测器安装费用的企业定额分析:

人工费:27 元。

材料费:30.96 元(其中感烟探测器的主材价格:27.8 元/个)。

机械费:0.16 元。

企业管理费:3.78 元。

利润:5.94 元。

综合单价:27 +30.96 +0.16 +3.78 +5.94 =67.84(元/个)。

(3)每个感温探测器安装费用的企业定额分析:

人工费:27 元。

材料费:44.66 元(其中感温探测器的主材价格:41.5 元/个)。

机械费:0.16 元。

企业管理费:3.78 元。

利润:5.94 元。

综合单价:27 +44.66 +0.16 +3.78 +5.94 =81.54(元/个)。

(4)每台接线箱安装费用的企业定额分析:

人工费:65.2 元。

材料费:116.97 元(其中接线箱的主材价格:115 元/台)。

机械费:0 元。

企业管理费:9.13 元。

利润:14.34 元。

综合单价:65.2 +116.97 +9.13 +14.34 =205.64(元/台)。

(5)每个声光报警器安装费用的企业定额分析:

人工费:32.84 元。

材料费:132.13 元(其中声光报警器的主材价格:120 元/台)。

机械费:0.04 元。

企业管理费:4.6 元。

利润:7.22 元。

综合单价:32.84 +132.13 +0.04 +4.6 +7.22 =176.83(元/个)。

(6)每个手动报警按钮安装费用的企业定额分析:

人工费:28.44 元。

材料费:45.55 元(其中手动报警按钮的主材价格:38.5 元/台)。

机械费:0.04 元。

企业管理费:3.98 元。

利润:6.26 元。

综合单价:28.44 +45.55 +0.04 +3.98 +6.26 =84.27(元/个)。

(7)每个输入模块安装费用的企业定额分析:

人工费:61.59 元。

材料费:445.69 元(其中输入模块的主材价格:437 元/台)。

机械费:0.81 元。

企业管理费:8.62 元。

利润:13.55 元。

综合单价:61.59 +445.69 +0.81 +8.62 +13.55 =530.26(元/个)。

(8)每个输出模块安装费用的企业定额分析:

人工费:61.59 元。

材料费:245.19 元(其中输出模块的主材价格:236.5 元/台)。

机械费:0.81 元。

企业管理费:8.62 元。

利润:13.55 元。

综合单价:61.59+245.19+0.81+8.62+13.55=329.76(元/个)。

(9)每米JDG20电线保护管的安装费用的企业定额分析:

人工费:5.21元。

材料费:11.8元(其中JDG20电线保护管的主材价格:9.61元/m)。

机械费:0元。

企业管理费:0.73元。

利润:1.15元。

综合单价:5.21+11.8+0.73+1.15=18.89(元/m)。

(10)每米RVS-2×1.5电线的安装费用的企业定额分析:

人工费:0.73元。

材料费:3.57元(其RVS-2×1.5电线的主材价格:3.43元/米)。

机械费:0元。

企业管理费:0.1元。

利润:0.16元。

综合单价:0.73+3.57+0.1+0.16=4.56(元/m)。

表5-3-4所示为分部分项工程清单计价表。

表5-3-4 分部分项工程清单计价表

序号	项目编码	项目名称	项目特征描述	工程量	综合单价	综合合价
1	030904009001	区域报警控制箱	型号:总线制壁挂式报警控制器64点; 位置:置于首层控制室内	1台	4 092.24元/台	4 092.24元
2	030904001001	点型探测器	型号:感烟探测器JTY-IZ-ZM1551; 安装位置:吸顶安装	28个	67.84元/个	1 899.52元
3	030904001002	点型探测器	型号:感温探测器JTW-BD-ZM5551; 安装位置:吸顶安装	1个	81.54元/个	81.54元
4	040804003001	接线箱	型号:GST-JX100; 规格:300 mm×400 mm×80 mm; 敷设方式:底边距地1.4 m壁挂安装	3台	205.64元/台	616.92元
5	030904005001	声光报警器	型号:SGHB;安装位置:底边距地1.8 m	5个	176.83元/个	884.15元
6	030904003001	按钮	类型:手动报警按钮型号:J-SAP-M-M500K; 安装位置:底距地1.4 m	3个	84.27元/个	252.81元
7	030904008001	模块	型号:输入模块JSM-M500M; 安装位置:底距地1.8 m安装	1个	530.26元/个	530.26元
8	030904008002	模块	型号:输出模块KM-M500C; 安装位置:底距地1.8 m安装	5个	329.76元/个	1 648.80元
9	030411001001	配管	型号:JDG20; 敷设方式:沿金属吊杆	338.9 m	18.89元/m	6 401.82元
10	030411004001	配线	型号:RVS-2×1.5 敷设方式:穿管	338.9 m	4.56元/m	1 545.38元

忆一忆

点型探测器包括哪些,其常用图例如何表示?

知识模块2 消防系统调试工程量计算与清单计价

一、消防系统调试工程量计算规则

消防系统调试工程量清单项目设置、项目特征描述的内容、计量单位及工程量计算规则,应按表5-3-5的规定执行。

表 5-3-5　消防系统调试（编码：030905）

项目编码	项目名称	项目特征	计量单位	工程量计算规则	工作内容
030905001	自动报警系统装置调试	点数线制	系统	按设计图示数量计算	系统装置调试
030905002	水灭火系统控制装置调试				
030905003	防火控制装置联动调试	1. 名称 2. 类型	个		调试
030905004	气体灭火系统装置调试	1. 试验容器规格 2. 气体试喷、二次充药剂设计要求	组	按调试、检验和验收所消耗的试验容器总数计算	1. 模拟喷气试验 2. 备用灭火器贮存容器切换操作试验 3. 气体试喷 4. 二次充药剂

注：

①自动报警系统包括各种探测器、报警按钮、报警控制器组成的报警系统；按不同点数以系统计算。

②水灭火系统控制装置，是由消火栓、自动喷水灭火等组成的灭火系统装置；按不同点数以系统计算。

③气体灭火系统装置调试，是由七氟丙烷、IG541、二氧化碳等组成的灭火系统装置；按气体灭火系统装置的瓶组计算。

④防火控制装置联动调试，包括电动防火门、防火卷帘门、正压送风阀、排烟阀、防火控制阀等防火控制装置

二、消防系统调试工程量计算及清单组价实例

【例 5-3-2】 试计算【例 5-3-1】中消防系统调试工程量并进行清单组价。

1. 消防系统调试工程量计算

表 5-3-6 所示为消防系统调试工程量计算。

表 5-3-6　消防系统调试工程量计算

序号	名称	计量单位	识图分析过程	计算公式	工程量	图　例
1	火灾自动报警系统装置调试	系统	本建筑工程只有一个自动报警系统		1	

2. 分部分项工程清单组价

(1)火灾自动报警系统装置(64 点以内)调试费用的企业定额分析：

人工费:1 463. 24 元。

材料费:96. 94 元。

机械费:162. 78 元。

企业管理费:204. 85 元。

利润:321. 91 元。

综合单价:1 463. 24 +96. 94 +162. 78 +204. 85 +321. 91 =2 249. 72(元/系统)。

表 5-3-7 所示为分部分项工程清单计价表。

表 5-3-7　分部分项工程清单计价表

序号	项目编码	项目名称	项目特征描述	工程量	综合单价	综合合价
1	030905001001	火灾自动报警系统装置调试	系统形式:总线制； 系统规模:64 点以内	1 系统	2 249. 72 元/系统	2 249. 72 元

想一想

防火控制装置包括消防电梯，消防电梯的计量单位是什么？

任务实施

根据某企业工程投标需求，结合工程火灾自动报警系统图、平面图，以及相关规范、企业定额等资料，计算该火灾自动报警设备探测器、报警器、消防联动控制系统等工程量，并进行清单组价，其工作程序基本包括如下步骤：

一、熟悉图纸

小组成员在充分了解设计说明、识读图例的基础上，结合系统图熟练识读消防干线及消防电源监控平面图、火灾报警平面图后进行工程量计算。

二、选择工程量计算规则，计算工程量

根据《通用安装工程工程量计算规范》（GB 50856—2013）区分项目类别，针对报警设备探测器、报警器、消防联动控制系统等具体项目，根据项目特征，选择工程量计算规则，按照工程量计算规则进行工程量计算。

三、复核工程量

每个小组将工程量计算完成后，由小组其他人员进行校核，并与招标单位给定的工程量清单进行复核；小组复核完成后，其他小组对另外五个小组分别复核。

四、确定取费费率

根据黑龙江省住房和城乡建设厅各年度下发建筑安装工程结算参照标准及企业定额确定相应费率。

五、确定分部分项工程综合单价

根据企业定额确定消耗量指标和生产要素单价，确定完成各清单项目实际应发生的工程内容，计算工程内容的工程数量与清单单位的含量：

清单单位含量 =（某工程内容的定额工程量）/清单工程量

计算分部分项工程人工、材料、施工机具使用费，计算企业管理费和利润，汇总计算出分部分项工程综合单价。

笔记栏

【编制火灾自动报警系统工程量计算及清单计价工作单】

计 划 单

<table>
<tr><td>学习情境 5</td><td>建筑消防工程计量与计价</td><td>任务 3</td><td>火灾自动报警系统工程量计算与清单计价</td></tr>
<tr><td>工作方式</td><td>组内讨论、团结协作，共同制订计划：小组成员进行工作讨论，确定工作步骤</td><td>计划学时</td><td>0.5 学时</td></tr>
<tr><td>完成人</td><td colspan="3">1. ______ 2. ______ 3. ______ 4. ______ 5. ______ 6. ______</td></tr>
<tr><td colspan="4">计划依据：1. 老师给定的工程相关图纸； 2. 工程相关规范； 3. 企业定额</td></tr>
<tr><td>序号</td><td>计划步骤</td><td colspan="2">具体工作内容描述</td></tr>
<tr><td>1</td><td>准备工作
（整理建设工程基本信息，谁去做？）</td><td colspan="2"></td></tr>
<tr><td>2</td><td>组织分工
（成立组织，人员具体都完成什么？）</td><td colspan="2"></td></tr>
<tr><td>3</td><td>制订两套工程量计算和组价方案
（各有何特点？）</td><td colspan="2"></td></tr>
<tr><td>4</td><td>计算工程量
（分析工程量计算过程，谁负责？）</td><td colspan="2"></td></tr>
<tr><td>5</td><td>汇总工程量
（汇总什么，如何汇总利于组价？）</td><td colspan="2"></td></tr>
<tr><td>6</td><td>分部分项工程清单组价
（谁负责？组成要素是什么？）</td><td colspan="2"></td></tr>
<tr><td>制订计划说明</td><td colspan="3">（写出制订计划中人员为完成任务的主要建议或可以借鉴的建议、需要解释的某一方面）</td></tr>
</table>

决 策 单

<table>
<tr><td>学习情境5</td><td colspan="2">建筑消防工程计量与计价</td><td>任务3</td><td>火灾自动报警系统工程量计算与清单计价</td></tr>
<tr><td colspan="3">决策学时</td><td colspan="2">0.5学时</td></tr>
<tr><td colspan="5">决策目的：确定本小组认为最优的工程量计算及清单组价方案</td></tr>
<tr><td rowspan="7">方案
优劣比对</td><td rowspan="2">比对项目</td><td colspan="2">工作方案特点</td><td rowspan="2">确定最优方案
（画√）</td></tr>
<tr><td>方案名称1：</td><td>方案名称2：</td></tr>
<tr><td>计算规则选取是否准确</td><td></td><td></td><td rowspan="5">方案1优□</td></tr>
<tr><td>计算分析过程是否精确</td><td></td><td></td></tr>
<tr><td>计算公式准确性</td><td></td><td></td></tr>
<tr><td>组价要素是否全面</td><td></td><td></td></tr>
<tr><td>计算结果正确性</td><td></td><td></td></tr>
<tr><td colspan="2">方案1简介：</td><td colspan="2">方案2简介：</td><td>方案2优□</td></tr>
</table>

作 业 单

<table>
<tr><td>学习情境5</td><td>建筑消防工程计量与计价</td><td>任务3</td><td>火灾自动报警系统工程量计算与清单计价</td></tr>
<tr><td rowspan="2">参加人员</td><td colspan="2">第____组</td><td>开始时间：</td></tr>
<tr><td colspan="2">签名：</td><td>结束时间：</td></tr>
<tr><td>序号</td><td colspan="2">工作内容记录
（根据实施的具体工作记录，包括存在的问题及解决方法）</td><td>分工
（负责人）</td></tr>
<tr><td></td><td colspan="2"></td><td></td></tr>
<tr><td></td><td colspan="2"></td><td></td></tr>
<tr><td></td><td colspan="2"></td><td></td></tr>
<tr><td></td><td colspan="2"></td><td></td></tr>
<tr><td></td><td colspan="2"></td><td></td></tr>
<tr><td></td><td colspan="2"></td><td></td></tr>
<tr><td></td><td colspan="2"></td><td></td></tr>
<tr><td></td><td colspan="2"></td><td></td></tr>
<tr><td></td><td colspan="2"></td><td></td></tr>
<tr><td></td><td colspan="2"></td><td></td></tr>
<tr><td></td><td colspan="2"></td><td></td></tr>
<tr><td></td><td colspan="2"></td><td></td></tr>
<tr><td rowspan="2">小结</td><td colspan="2">主要描述完成的成果及是否达到目标</td><td>存在的问题</td></tr>
<tr><td colspan="2"></td><td></td></tr>
</table>

检 查 单

<table>
<tr><td>学习情境5</td><td colspan="2">建筑消防工程计量与计价</td><td>任务3</td><td colspan="5">火灾自动报警系统工程量计算与清单计价</td></tr>
<tr><td colspan="2">检查学时</td><td colspan="2">0.5 学时</td><td colspan="5">第____组</td></tr>
<tr><td colspan="2">检查目的及方式</td><td colspan="7">教学过程监控小组的工作情况，如检查等级为不合格，小组需要整改，并拿出整改说明</td></tr>
<tr><td rowspan="2">序号</td><td rowspan="2">检查项目</td><td rowspan="2" colspan="2">检查标准</td><td colspan="5">检查结果分级
（在检查相应的分级框内画“√”）</td></tr>
<tr><td>优秀</td><td>良好</td><td>中等</td><td>合格</td><td>不合格</td></tr>
<tr><td>1</td><td>准备工作</td><td colspan="2">建设工程基本信息、相关依据材料是否准备完整，学习资源是否查到</td><td></td><td></td><td></td><td></td><td></td></tr>
<tr><td>2</td><td>分工情况</td><td colspan="2">安排是否合理、全面，分工是否明确</td><td></td><td></td><td></td><td></td><td></td></tr>
<tr><td>3</td><td>工作态度</td><td colspan="2">小组工作是否积极主动、全员参与</td><td></td><td></td><td></td><td></td><td></td></tr>
<tr><td>4</td><td>纪律出勤</td><td colspan="2">是否按时完成负责的工作内容是否遵守工作纪律</td><td></td><td></td><td></td><td></td><td></td></tr>
<tr><td>5</td><td>团队合作</td><td colspan="2">是否相互协作、互相帮助，成员是否听从指挥</td><td></td><td></td><td></td><td></td><td></td></tr>
<tr><td>6</td><td>创新意识</td><td colspan="2">任务完成不照搬照抄，看问题具有独到见解、创新思维</td><td></td><td></td><td></td><td></td><td></td></tr>
<tr><td>7</td><td>完成效率</td><td colspan="2">工作单是否记录完整，是否按照计划完成任务</td><td></td><td></td><td></td><td></td><td></td></tr>
<tr><td>8</td><td>完成质量</td><td colspan="2">工作单填写是否准确</td><td></td><td></td><td></td><td></td><td></td></tr>
<tr><td>检查评语</td><td colspan="6"></td><td colspan="2">教师签字：</td></tr>
</table>

任 务 评 价

小组工作评价单

<table>
<tr><td>学习情境5</td><td colspan="2">建筑消防工程计量与计价</td><td>任务3</td><td colspan="5">火灾自动报警系统工程量计算与清单计价</td></tr>
<tr><td>评价学时</td><td colspan="8">0.5 学时</td></tr>
<tr><td>评价类别</td><td>项目</td><td colspan="2">子项目</td><td>个人评价</td><td colspan="2">组内互评</td><td colspan="2">教师评价</td></tr>
<tr><td rowspan="8">专业能力</td><td rowspan="2">准备工作（10%）</td><td colspan="2">准备工作完整性(5%)</td><td></td><td colspan="2"></td><td colspan="2"></td></tr>
<tr><td colspan="2">工作步骤内容描述(5%)</td><td></td><td colspan="2"></td><td colspan="2"></td></tr>
<tr><td rowspan="2">计算过程（20%）</td><td colspan="2">计算方法的正确性(10%)</td><td></td><td colspan="2"></td><td colspan="2"></td></tr>
<tr><td colspan="2">计算过程的完整性(10%)</td><td></td><td colspan="2"></td><td colspan="2"></td></tr>
<tr><td rowspan="2">计算结果（10%）</td><td colspan="2">工程量计算结果的正确性(5%)</td><td></td><td colspan="2"></td><td colspan="2"></td></tr>
<tr><td colspan="2">清单组价结果的正确性(5%)</td><td></td><td colspan="2"></td><td colspan="2"></td></tr>
<tr><td>安全文明（10%）</td><td colspan="2">工作过程遵守相关要求及注意事项</td><td></td><td colspan="2"></td><td colspan="2"></td></tr>
<tr><td>完成时间（10%）</td><td colspan="2">在要求时间内完成相关任务，每超5 min 扣 2 分</td><td></td><td colspan="2"></td><td colspan="2"></td></tr>
<tr><td rowspan="2">社会能力</td><td>团结协作（10%）</td><td colspan="2"></td><td></td><td colspan="2"></td><td colspan="2"></td></tr>
<tr><td>敬业精神（10%）</td><td colspan="2"></td><td></td><td colspan="2"></td><td colspan="2"></td></tr>
<tr><td rowspan="2">方法能力</td><td>计划能力（10%）</td><td colspan="2"></td><td></td><td colspan="2"></td><td colspan="2"></td></tr>
<tr><td>决策能力（10%）</td><td colspan="2"></td><td></td><td colspan="2"></td><td colspan="2"></td></tr>
<tr><td rowspan="2">评价评语</td><td>班　级</td><td></td><td>姓　名</td><td></td><td>学号</td><td></td><td>总评</td><td></td></tr>
<tr><td>教师签字</td><td></td><td>第　组</td><td>组长签字</td><td colspan="2"></td><td>日期</td><td></td></tr>
</table>

小组成员素质评价单

<table>
<tr><td>学习情境5</td><td colspan="2">建筑消防工程计量与计价</td><td>任务3</td><td colspan="4">火灾自动报警系统工程量计算与清单计价</td></tr>
<tr><td>班　　级</td><td></td><td>第____组</td><td colspan="2"></td><td>成员姓名</td><td colspan="2"></td></tr>
<tr><td>评分说明</td><td colspan="7">每个小组成员评价分为自评和小组其他成员评价两部分，取平均值计算，作为该小组成员的任务评价个人分数。评价项目共设计5个，依据评分标准给予合理量化打分。小组成员自评分后，要找小组其他成员以不记名方式打分</td></tr>
<tr><td>评分项目</td><td>评分标准</td><td>自评
（100分）</td><td>成员1
（100分）</td><td>成员2
（100分）</td><td>成员3
（100分）</td><td>成员4
（100分）</td><td>成员5
（100分）</td></tr>
<tr><td>核心价值观
（20分）</td><td>是否践行社会主义核心价值观</td><td></td><td></td><td></td><td></td><td></td><td></td></tr>
<tr><td>工作态度
（20分）</td><td>是否按时完成负责的工作内容、遵守纪律，是否积极主动参与小组工作且全过程参与，是否吃苦耐劳、具有工匠精神</td><td></td><td></td><td></td><td></td><td></td><td></td></tr>
<tr><td>交流沟通
（20分）</td><td>是否能良好地表达自己的观点，是否能倾听他人的观点</td><td></td><td></td><td></td><td></td><td></td><td></td></tr>
<tr><td>团队合作
（20分）</td><td>是否与小组成员合作完成任务，是否做到相互协作、互相帮助、听从指挥</td><td></td><td></td><td></td><td></td><td></td><td></td></tr>
<tr><td>创新意识
（20分）</td><td>看问题是否能独立思考、提出独到见解，是否能够运用创新思维解决遇到的问题</td><td></td><td></td><td></td><td></td><td></td><td></td></tr>
<tr><td colspan="2">最终小组成员得分</td><td colspan="6"></td></tr>
</table>

课后反思

学习情境5	建筑消防工程计量与计价	任务3	火灾自动报警系统工程量计算与清单计价
班　　级		第____组	成员姓名
情感反思	通过对本任务的学习和实践，你认为自己在社会主义核心价值观、职业素养、学习和工作态度等方面有哪些需要提高的部分？		
知识反思	通过对本任务的学习，你掌握了哪些知识点？请画出思维导图。		
技能反思	在完成本任务的学习和实训过程中，你主要掌握了哪些技能？		
方法反思	在完成本任务的学习和实践过程中，你主要掌握了哪些分析和解决问题的方法？		

参考文献

[1] 全国造价工程师职业资格考试培训教材编审委员会. 建设工程计价:2014 年修订 [M]. 北京:中国计划出版社,2014.

[2] 全国造价工程师职业资格考试培训教材编审委员会. 建设工程技术与计量(安装工程):2013 年版 [M]. 北京:中国计划出版社,2013.

[3] 汪辉,李驹. 设备安装工程计价[M]. 北京:中国建材工业出版社,2017.

[4] 岳井峰. 安装工程计量与计价[M]. 北京:中国电力出版社,2017.

[5] 曹丽君. 安装工程预算与清单计价[M]. 北京:机械工业出版社,2016.

[6] 张钦. 建筑安装工程预算[M]. 北京:机械工业出版社,2007.

[7] 陈宪仁. 水电安装工程预算与定额[M]. 北京:中国建筑工业出版社,2014.

[8] 陈国安. 建筑工程计量与计价[M]. 武汉:武汉理工大学出版社,2009.

[9] 张国栋. 图解安装工程工程量清单计算手册[M]. 北京:机械工业出版社,2016.

[10] 张爱云,张碧莹. 建筑设备安装工程计量与计价[M]. 郑州:黄河水利出版社,2011.

[11] 林秀华,陈冬梅,刘冬梅. 安装工程预算项目化教程[M]. 武汉:华中科技大学出版社,2020.

[12] 王建彬. 电气工程工程量清单计价实例详解[M]. 北京:机械工业出版社,2015.

[13] 温艳芳. 安装工程施工图预算实例详解[M]. 北京:化学工业出版社,2014.